FORSCHUNGSBERICHTE DES LANDES NORDRHEIN-WESTFALEN

Nr. 1994

Herausgegeben im Auftrage des Ministerpräsidenten Heinz Kühn
von Staatssekretär Professor Dr. h. c. Dr. E. h. Leo Brandt

Dr. Jürgen Drees
Dipl.-Phys. Helge Trinks

Physikalisches Institut der Universität Bonn

Runaway-Ströme hoher Intensität
in einer toroidalen Entladung

Springer Fachmedien Wiesbaden GmbH 1969

ISBN 978-3-663-20080-2   ISBN 978-3-663-20439-8 (eBook)
DOI 10.1007/978-3-663-20439-8

Verlags-Nr. 011994

© 1969 by Springer Fachmedien Wiesbaden
Ursprünglich erschienen bei Westdeutscher Verlag GmbH, Köln und Opladen 1969.

Inhalt

1. Einleitung 5

2. Einführung in das Problem 5
   - 2.1 Übersicht über den Versuchsaufbau 5
   - 2.2 Einige Meßergebnisse 6

3. Beschleunigungsmechanismus 9
   - 3.1 Führung der Elektronen 9
   - 3.2 Beschleunigung der Elektronen 11
   - 3.3 Bemerkungen zum Einfang der Elektronen und zu ihrer Energieverteilung 16

4. Runaway-Fluß in Abhängigkeit von Gasdruck, Gasart und Beschleunigungsfeldstärke 17
   - 4.1 Theoretische Abschätzung des Runaway-Flusses 17
   - 4.2 Experimentelle Ergebnisse 20

5. Diskussion von makroskopischen Instabilitäten und Plasmawellen als Ursache für die Beschleunigung der Elektronen 28

6. Erzeugung hoher Runaway-Ströme mit vereinfachter Spulenanordnung 30

Anhang

   I. Apparatur 35

   II. Nachweisanordnungen 36

   III. Bestimmung der Energie und der Anzahl der Runaways 37

Zusammenfassung 38

Literaturverzeichnis 39

1. Einleitung

Unter der Wirkung eines elektrischen Feldes können Elektronen in einem Plasma aus der thermischen Geschwindigkeitsverteilung herausdiffundieren und auf hohe Geschwindigkeiten beschleunigt werden. Diese sogenannten »Runaway-Elektronen«, die verantwortlich sind für die Entstehung von mehr oder weniger harter Röntgenstrahlung, sind bei vielen Experimenten beobachtet worden.

Am Physikalischen Institut der Universität Bonn wurde ein Plasmabetatron [1], [2], [3] entwickelt, bei dem neben den erwarteten betatronbeschleunigten Runaways auch unter solchen Bedingungen Runaway-Elektronen hoher Dichte auftraten, unter denen eine Beschleunigung nach dem Betatronprinzip nicht mehr möglich ist. Die nähere Untersuchung dieser »nicht-betatronbeschleunigten« Runaways, die unter Umständen die Ausgangsbasis für relativistische Ströme höchster Intensität bilden können, war die Aufgabe der vorliegenden Arbeit.

2. Einführung in das Problem

2.1 Übersicht über den Versuchsaufbau

Für eine nähere Einführung in das Problem ist eine kurze Beschreibung des Versuchsaufbaues* notwendig:

Das Plasma wird in einem Quarzglastorus (großer Durchmesser 40 cm, kleiner Durchmesser 3,6 cm) bei Drucken von 10^{-4} bis 10^{-2} Torr (Xenon) durch ein hochfrequentes, elektrisches Vierpolfeld (Frequenz 190 MHz, Hochfrequenzamplitude 600–800 V) erzeugt. Das Betatronfeld wird durch die Entladung einer Kondensatorbatterie (Kapazität 1,85 µF, max. Ladespannung 21,6 kV, Ladezeit 20 s) über eine Luftspule erregt und ist durch die folgenden Daten charakterisiert:

Sollkreisradius $R_0 = 20$ cm; Feldindex $n = 0,4$; Zeitdauer der ersten Viertelperiode der Betatronschwingung 1,3 µs; maximales Magnetfeld B_0^b und elektrisches Wirbelfeld E_0^b am Sollkreis mit $B_0^b = 320$ G, $E_0^b = 80$ V/cm bei max. Ladespannung. (Unter B_0^b, E_0^b sollen wie auch im folgenden die max. äußeren Felder im ungestörten Fall, d. h. ohne Plasmastrom, verstanden werden; die Korrekturen mit Plasmastrom betragen einige Prozent.)

Während der ersten Viertelperiode der Betatronschwingung wird unter bestimmten Bedingungen ein Teil der Plasmaelektronen beschleunigt und trifft nach einer gewissen Zeit ($<1,5$ µs) auf die Toruswand bzw. auf ein Target, wo Bremsstrahlung ausgelöst wird. Die übrigen Elektronen verursachen einen Leitungsstrom, während die Ionen wegen ihrer großen Masse als ruhend betrachtet werden können.

---

* Eine nähere Beschreibung der Apparatur und der Nachweisanordnungen findet sich im Anhang (Kap. I und II).

Die folgenden Größen konnten gemessen werden:

1. Der zeitliche Verlauf des Gesamtstromes im Torus.
2. Die Röntgenbremsstrahlung, speziell ihre Intensität, die zeitliche Abhängigkeit der Intensität, die lokale Intensitätsverteilung und die Härte.

Aus der Intensität und der Härte der Röntgenbremsstrahlung können effektive Energie und effektive Anzahl der Runaways bestimmt werden (s. Anhang, Kap. III). Unter der effektiven Energie bzw. Anzahl sollen dabei diejenigen Werte verstanden werden, die sich aus den Absorptionsmessungen unter der Annahme monoenergetischer Runaways ergeben. Es wird gezeigt, daß diese Größen auch bei kontinuierlicher Energieverteilung der Runaways sinnvoll sind.

Der wesentliche Meßparameter war der Gasdruck. Im übrigen wurde die Art des Gases (Wasserstoff, Helium, Xenon) sowie die Ladespannung der Kondensatorbatterie bzw. B_0^b, E_0^b verändert. Weiterhin wurden Messungen bei verschiedenen Targets durchgeführt. Bei den Messungen in Kap. 6 wurden auch die Dimensionen der Betatronspule verändert.

2.2 Einige Meßergebnisse

In Abb. 1 sind einige Meßergebnisse für Xenon bei einer maximalen äußeren Beschleunigungsfeldstärke $E_0^b = 80$ V/cm wiedergegeben. Sie beziehen sich sämtlich auf die erste Viertelperiode der Betatronschwingung. Zu späteren Zeiten wurden keine Runaways mehr beobachtet. Das Ausgangsplasma war dabei nach Messungen von W. BERMEL [4] durch eine Elektronentemperatur T_e zwischen 10 und 5 eV und eine Elektronendichte n_e zwischen 10^{10} und $4 \cdot 10^{10}$ cm^{-3} für Gasdrucke von $p = 4 \cdot 10^{-4}$ bis $3 \cdot 10^{-3}$ Torr gekennzeichnet. Als Funktion des Gasdruckes sind die folgenden gemessenen Größen dargestellt:

In 1a die Bremsstrahlungsintensität J_γ (Maximum normiert auf 1), die an der Toruswand ausgelöst wird (ein Target befand sich nicht im Torus),

in 1b die Auftrittszeit $\tau \ldots \tau + \Delta\tau$ der Bremsstrahlung (d. h. im Zeitintervall $\tau \ldots \tau + \Delta\tau$ nach dem Anstieg des elektrischen Wirbelfeldes tritt Bremsstrahlung auf),

in 1c die aus Absorptionsmessungen bestimmte effektive Energie T der Runaways,
in 1d der maximale Gesamtstrom i_0 im Torus.

Aus Abb. 1a geht hervor, daß in zwei getrennten Druckbereichen Bremsstrahlung auftritt. Die Strahlungsintensität (gestrichelt) im ersten Druckbereich ($p = 4 \cdot 10^{-4}$ bis 10^{-3} Torr), die von betatronbeschleunigten Elektronen mit einer Energie von 1,2 MeV herrührt, wurde bereits ausführlich von J. DREES und W. PAUL [1], [2] untersucht. Die Strahlungsintensität im zweiten Druckbereich ($p = 1,5 \cdot 10^{-3}$ bis $4 \cdot 10^{-3}$ Torr) rührt von den in der Einleitung erwähnten »nicht-betatronbeschleunigten« Elektronen her. Sie steigt in einem verhältnismäßig schmalen Druckintervall an, erreicht ein Maximum bei $p = 2 \cdot 10^{-3}$ Torr und fällt dann etwa exponentiell ab, wie aus Abb. 2 zu entnehmen ist.

Die Auftrittszeit der Bremsstrahlung und die effektive Energie der Runaways sind im gesamten zweiten Druckbereich im wesentlichen konstant. Insbesondere ist bei $T(p) = $ const $= 50$ KeV die Anzahl der beschleunigten Elektronen N direkt proportional der Bremsstrahlungsintensität J_γ. Im Intensitätsmaximum bei $p = 2 \cdot 10^{-3}$ Torr ergab sich [s. Anhang (A.2)] für die effektive Anzahl der Runaways pro Entladung:

$$N \approx 10^{14}$$

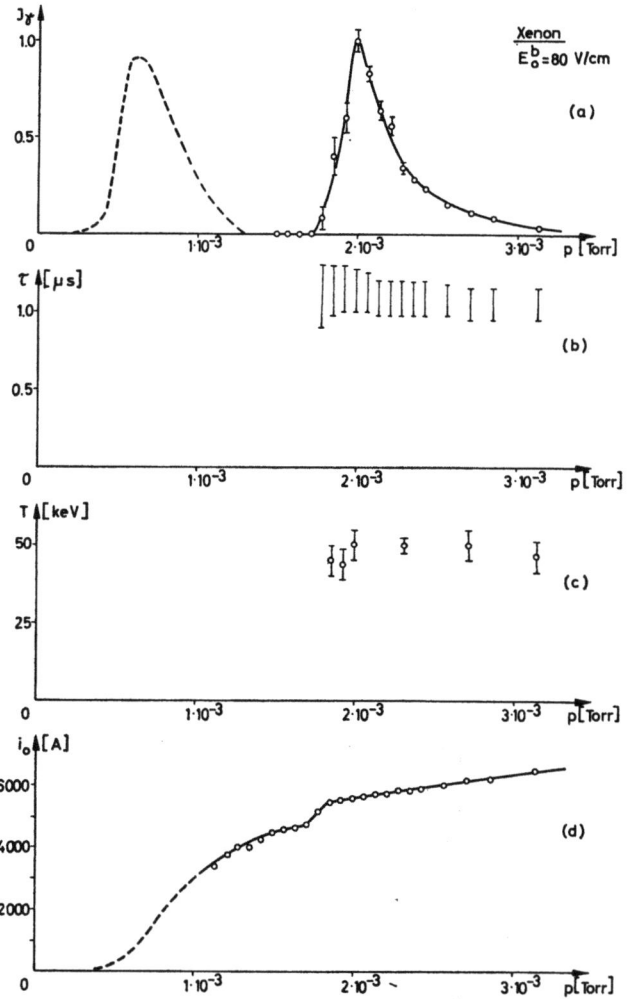

Abb. 1 Strahlungsintensität J_γ, Auftrittszeit $\tau \ldots \tau + \Delta\tau$ der Bremsstrahlung, effektive Energie T der Runaways und maximaler Plasmastrom i_0 in Abhängigkeit vom Gasdruck p

Der maximale Plasmastrom i_0 im Torus ändert sich für $p > 1,8 \cdot 10^{-3}$ Torr ebenso wie τ und T nur unwesentlich. Der sprunghafte Anstieg von i_0 bei $p = 1,8 \cdot 10^{-3}$ Torr ist unter Umständen durch das Auftreten der Runaways bedingt. Der Anfangsanstieg des im Torus fließenden Plasmastromes, der hier nicht dargestellt ist, ist im gesamten zweiten Druckbereich so groß, daß das Eigenmagnetfeld des Plasmastromes die Gleichgewichtsbedingung am Sollkreis bereits direkt nach der Zündung des Betatrons zerstört [1], [2]. Eine Beschleunigung der Elektronen nach dem Betatronprinzip ist damit im zweiten Druckbereich nicht möglich.

Abb. 3 zeigt den zeitlichen Verlauf der Bremsstrahlungsintensität und des Plasmastromes für das Intensitätsmaximum bei $p = 2 \cdot 10^{-3}$ Torr.

Eine Erklärung dieses Runaway-Phänomens erfordert zunächst die Beantwortung der Frage, auf welche Weise die Elektronen ohne eine Betatronführung auf 50 KeV beschleunigt werden können. Weiter ist eine Erklärung zu finden für die starke Druckabhängigkeit der Bremsstrahlungsintensität.

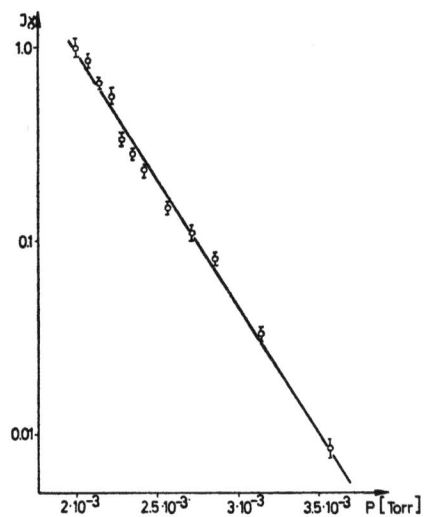

Abb. 2 Die Bremsstrahlungsintensität $J_\gamma(p)$ logarithmisch gegen p aufgetragen

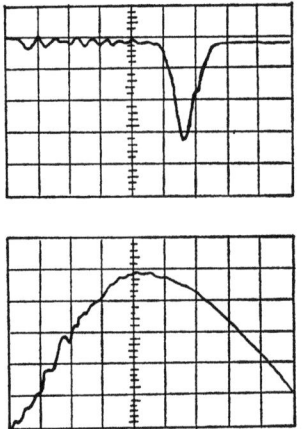

Abb. 3 Bremsstrahlungsimpuls (oben) und Plasmastrom (unten)
$p_{Xenon} = 2 \cdot 10^{-3}$ Torr, $E_0^b = 80$ V/cm
Die Bremsstrahlung wurde ohne Absorber gemessen
Zeitskala: 0,2 µs/cm; Stromskala: 1150 A/cm

Die folgenden Beschleunigungsmechanismen sind denkbar:

1. Macht man die naheliegende Annahme, daß die Elektronen in dem äußeren elektrischen Feld beschleunigt werden, dann müssen sie den Torus etwa zehnmal durchlaufen. Die dazu notwendige Führung könnte im Prinzip durch das Eigenmagnetfeld des Plasmastromes bewirkt werden.
2. Andererseits könnten die Runaways aber auch in den hohen lokalen elektrischen Feldern, die etwa durch anwachsende Instabilitäten induziert werden, beschleunigt worden sein. Insbesondere würde damit die Notwendigkeit eines Führungsmechanismus entfallen.

Ferner könnten Plasmawellen, die während der Kompression der Plasmasäule auftreten, eine Beschleunigung der Elektronen bewirken.

Es wird sich zeigen, daß die Ergebnisse sämtlicher Experimente mit (1) zu erklären sind, während sich zu (2) Widersprüche ergeben.

3. Beschleunigungsmechanismus

Die folgenden Untersuchungen sollen eine Entscheidung darüber ermöglichen, ob die Annahme einer Elektronenbeschleunigung im äußeren elektrischen Feld bei einer Führung im Eigenmagnetfeld des Plasmastromes mit den experimentellen Ergebnissen in Einklang zu bringen ist.

Zur Beschreibung der Vorgänge dient ein Zylinderkoordinatensystem (R, φ, Z), dessen Lage zum Torus in Abb. 4 skizziert ist.

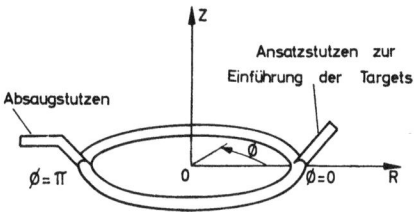

Abb. 4   Lage des Torus in dem verwendeten Zylinderkoordinatensystem

3.1 Führung der Elektronen

Die Führungseigenschaften des Eigenmagnetfeldes des Plasmastromes wurden untersucht, indem die Bahnen der Runaways im Torus unter verschiedenen Anfangsbedingungen numerisch bestimmt wurden. Das Eigenfeld wurde dabei unter der Annahme berechnet, daß der Plasmastrom homogen sei und daß seine Achse mit der Rohrachse des Torus ($R_0 = 20$ cm) zusammenfalle. Der Querschnittsdurchmesser des Plasmastromes wurde mit 1 cm vorgegeben. Damit ist eine infolge des Pincheffektes vermutlich

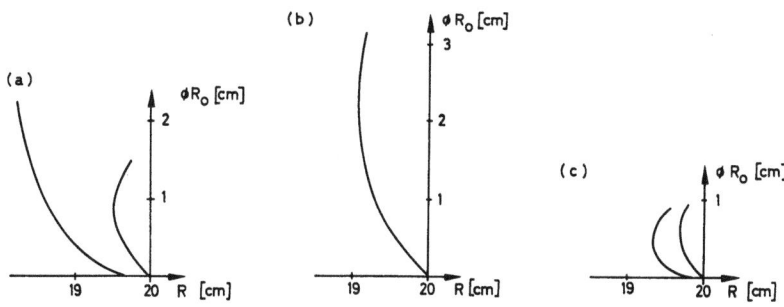

Abb. 5   Elektronenbahnen im resultierenden Magnetfeld (Eigenfeld des Plasmastromes i mit dem Querschnittsdurchmesser 1 cm und überlagertem Betatronfeld)

a) $i = 1000$ A,   b) $i = 1000$ A,   c) $i = 5000$ A,
   $T = 10$ keV $T = 50$ keV $T = 50$ keV

eintretende Kompression des Plasmaschlauches während der Beschleunigungsperiode berücksichtigt. Der Betrag des Eigenmagnetfeldes an der Oberfläche des Plasmastromes ist dann etwa zehnmal so groß wie der des Betatronfeldes, so daß der Feldverlauf innerhalb des Torus maßgebend durch das Eigenfeld bestimmt wird.

Abb. 5 zeigt einige spezielle Elektronenbahnen in dem resultierenden Magnetfeld (Eigenfeld + Betatronfeld) in der Äquatorialebene des Torus ($Z = 0$) für verschiedene Anfangsbedingungen. (Die Elektronenbahnen wurden durch graphische Konstruktion gewonnen.) Die Ergebnisse lassen erkennen, daß die Führungseigenschaften des Eigenmagnetfeldes ausreichend sind, um die Runaways von der Toruswand fernzuhalten, solange der Plasmastrom selber noch genügend weit von der Wand entfernt ist. Inwieweit dies zutrifft, soll im folgenden untersucht werden.

Makroskopische Bewegung des Plasmastromes*:

Ein ringförmiger Plasmastrom i (Ringdurchmesser $2 R_0$, Querschnittsdurchmesser $2a$) ist in erster Näherung dann im Gleichgewicht, wenn seinem Eigenfeld ein homogenes Magnetfeld

$$B = \mu_0 \cdot i \cdot \frac{1}{4 \pi R_0} \left(\frac{1}{2} - \ln 8 \frac{R_0}{a} \right) \tag{3.1}$$

parallel zur Symmetrieachse (Z-Achse) überlagert wird [5].

In dem hier vorliegenden Fall ergibt sich mit

$R_0 = 20$ cm

$\dot{i} \approx -8700$ A/µs   (Mittelwert über 0,6 µs, vgl. Abb. 3),

für das zu überlagernde Magnetfeld:

$$B = \begin{cases} 174 \text{ G/µs} & \text{für} \quad a = 1,8 \text{ cm} \\ 230 \text{ G/µs} & \text{für} \quad a = 0,5 \text{ cm} \end{cases}$$

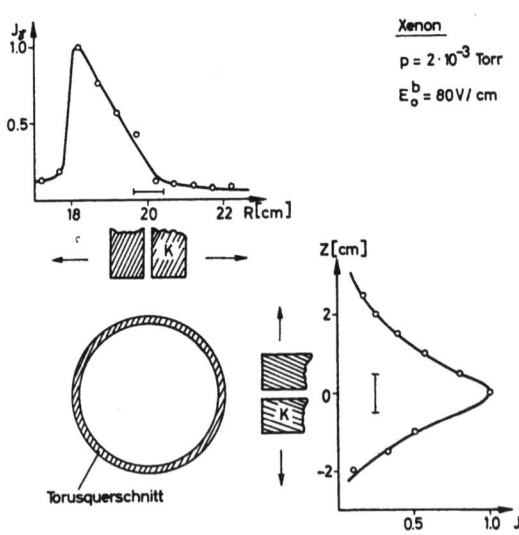

Abb. 6   Lokale Verteilung der Bremsstrahlungsintensität J_ν am Torusquerschnitt

* Siehe dazu auch Kap. 6.

Dagegen ist das Betatronfeld

$$B^b(R_0 = 20 \text{ cm}, Z = 0) \approx 400 \text{ G}/\mu\text{s} \quad \text{für} \quad t \leqq 0{,}6 \text{ }\mu\text{s}, \; B_0^b = 320 \text{ G}$$

Das Betatronfeld ist damit um etwa 200 G/µs zu groß, um ein Gleichgewicht des Plasmastromes zu bewirken. Auf den Plasmastrom wirkt daher eine Kraft, die diesen an die Innenseite des Torus treibt.

Wenn die Runaways tatsächlich im Eigenfeld des Plasmastromes geführt werden, müssen sie dessen Bewegung folgen und schließlich auf der Innenseite des Torus auftreffen. Um dies experimentell nachzuprüfen, wurde die lokale Verteilung der Bremsstrahlungsintensität gemessen (kein Target). Abb. 6 zeigt die Ergebnisse. Die Bremsstrahlung kommt danach eindeutig von der Innenseite des Torus (s. dazu auch Abb. 8). Der Bleikollimator K, hinter dem die Strahlungsintensität J_γ gemessen wurde, wurde dabei einmal in vertikaler Richtung und einmal in horizontaler Richtung verschoben.

3.2 Beschleunigung der Elektronen

Infolge von induzierten Gegenfeldern wird das Beschleunigungsfeld, das von den Spulenströmen erzeugt wird, in der Rohrachse des Torus um

$$E^p(t) = -\frac{1}{2\pi R_0} \frac{d}{dt} L(t) \, i(t) \tag{3.2}$$

verringert. Da die Kompressionsgeschwindigkeit des Plasmastromes und damit seine Induktivität $L(t)$ nicht bekannt ist, lassen sich nur zu Beginn der Beschleunigungsperiode, wo dL/dt noch vernachlässigt werden kann, Angaben über $E^p(t)$ machen. Mit

$$L = \mu_0 R_0 \left(\ln \frac{R_0}{a_0} + 0{,}33 \right), \qquad R_0 = 20 \text{ cm}, \; a_0 = 1{,}8 \text{ cm}$$

ergibt sich dann für Xenon ($p = 2 \cdot 10^{-3}$ Torr, $E_0^b = 80$ V/cm) aus den gemessenen $\dfrac{di(t)}{dt}$-Werten:

nach 0,1 µs: $E^p \approx -40$ V/cm

nach 0,3 µs: $E^p \approx -57$ V/cm

Das resultierende elektrische Feld $E(t)$ in der Rohrachse des Torus fällt damit in den ersten 10^{-7} s der Beschleunigungsperiode stark ab. Dieser Effekt wird durch die Kompression der Plasmasäule noch verstärkt. Außerdem nimmt die Eindringtiefe

$$d = \frac{c}{\sqrt{\omega_p^2 - \Omega^2}} \approx \frac{c}{\omega_p} = \frac{5{,}3 \cdot 10^5}{\sqrt{n_e}}$$

des elektrischen Wirbelfeldes in das Plasma mit zunehmender Zeit infolge einer zunehmenden Ionisierung ab. Und zwar ergibt sich mit $n_e = 4 \cdot 10^{10}$ cm^{-3} die Eindringtiefe zu $d \approx 2{,}5$ cm gegenüber $d \approx 0{,}05$ cm beim vollionisierten Plasma (Xenon, $p = 2 \cdot 10^{-3}$ Torr).

Es soll nun kurz untersucht werden, ob es sinnvoll ist, anzunehmen, daß die Runaways in dem verbleibenden schwachen Feld $E(t)$ auf 50 keV beschleunigt werden. Für die

Energie T der in einem elektrischen Feld $E(t)$ beschleunigten Elektronen gilt bei einer Beschleunigungszeit t_0:

$$T\,[\text{keV}] = 0{,}88 \cdot (\int_0^{t_0} E(t)\,dt)^2, \tag{3.3}$$

E in V/cm, t_0 in µs.

Speziell für $T = 50$ keV, $t_0 = 1$ µs folgt daraus für das mittlere Beschleunigungsfeld

$$\bar{E} = \frac{1}{t_0} \int_0^{t_0} E(t)\,dt = 7{,}5 \text{ V/cm}.$$

Trotz der starken Schwächung des äußeren Wirbelfeldes ist nicht anzunehmen, daß das mittlere resultierende Feld diesen Wert unterschreitet.

Im folgenden kann also angenommen werden, daß die Runaways in dem geschwächten äußeren Feld $E(t)$ beschleunigt werden. Daraus ergeben sich eine Reihe von Folgerungen, die experimentell nachgeprüft wurden:

1. Bewegungsrichtung der Runaways:

Die Runaways müssen gegen die Richtung des äußeren Wirbelfeldes, das in die negative φ-Richtung weist, beschleunigt werden. Um dies experimentell nachzuprüfen, wurde ein Nickeltarget nach Abb. 7 an der Innenseite des Torus angebracht, das dem Plasma 3 Flächen zuwendet; (die Flächennormalen weisen in die positive und negative φ-Richtung sowie in die positive R-Richtung). Hinter dem Bleikollimator K, der über dem Target einmal in φ-Richtung und einmal in R-Richtung verschoben wurde, konnte die am Target ausgelöste Bremsstrahlung beobachtet werden. Abb. 7 zeigt, daß die Bremsstrahlungsintensität J_γ, abgesehen von einem gewissen Untergrund, eindeutig an der Targetfläche ausgelöst wird, deren Flächennormale in die negative φ-Richtung, also in die Richtung des äußeren elektrischen Feldes E^b weist. Dieses Ergebnis wird noch durch den Brennfleck, der nach dem Experiment an dieser Targetfläche festgestellt wurde, bestätigt (Abb. 8). Die Runaways werden also in der gleichen Richtung wie die Betatronelektronen beschleunigt.

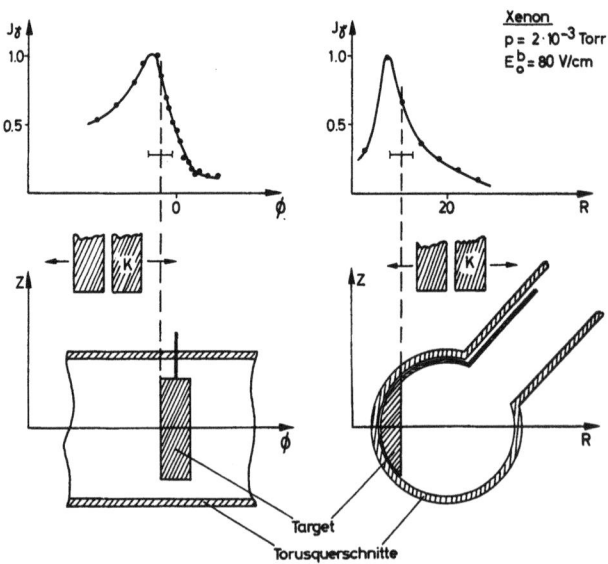

Abb. 7 Lokale Bremsstrahlungsverteilung über einem breiten Target zur Bestimmung der Beschleunigungsrichtung

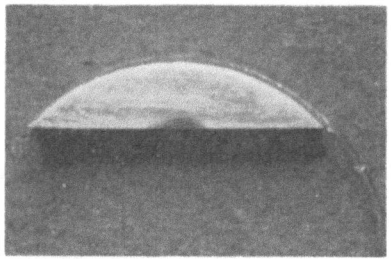

Abb. 8 Brennfleck auf dem Target nach der Messung (vergrößert)

2. Einfluß des maximalen äußeren Feldes E_0^b auf die Beschleunigung der Runaways:
Die Energie der Runaways sollte eine starke Abhängigkeit vom äußeren elektrischen Feld aufweisen. Unter der Voraussetzung, daß für das mittlere elektrische Feld

$$\bar{E} = \frac{1}{t_0} \int_0^{t_0} E(t) \, dt \propto E_0^b$$

gilt, und daß die Beschleunigungszeit $t_0 \approx \tau$ ist, sollte sich für die effektive Energie T der Runaways

$$T \propto \tau^2 \cdot (E_2^b)^2 \tag{3.4}$$

ergeben.

Die Ergebnisse der Messungen, die zur Prüfung dieser Beziehung durchgeführt wurden, sind in Tab. 1 dargestellt. Es wurden für verschiedene maximale äußere Beschleunigungsfeldstärken E_0^b die effektive Energie T der Runaways und die Auftrittszeit $\tau \ldots \tau + \Delta\tau$ bei Xenon ($p = 1{,}8$ bis $2{,}2 \cdot 10^{-3}$ Torr) gemessen.

Tab. 1

E_0^b [V/cm]	80	67	55	43	31
T [keV]	50 ± 5	33 ± 3	32 ± 3	$27{,}5 \pm 2$	22 ± 3
$\tau/\tau + \Delta\tau$ [µs]	0,95/1,15	0,95/1,15	1,0/1,2	1,15/1,3	1,4/–

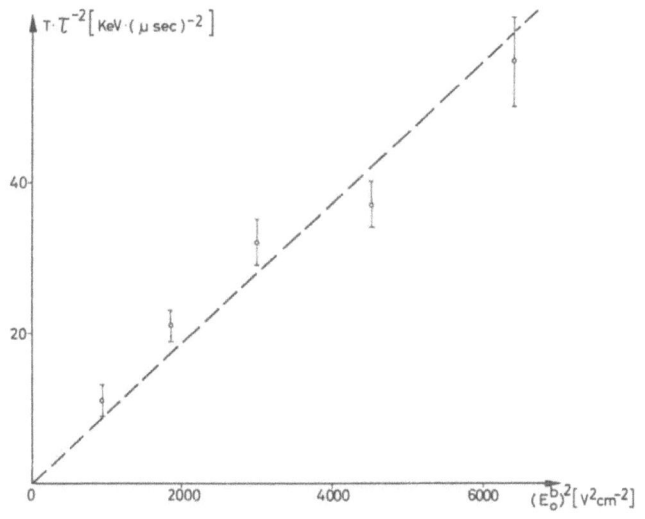

Abb. 9 Experimentell ermitteltes Produkt $T(E_0^b) \cdot \tau^{-2}(E_0^b)$ als Funktion von $(E_0^b)^2$

In Abb. 9 ist $T \cdot \tau^{-2}$ gegen $(E_0^b)^2$ aufgetragen (die Fehler rühren dabei nur von den statistischen Fehlern der Energie her). Danach ist (3.4) in ziemlich befriedigender Weise erfüllt.

Einen Hinweis darauf, daß $\bar{E} \propto E_0^b$ gilt, erhält man durch Untersuchung der Veränderung von $\dfrac{di}{dt}$ mit E_0^b. Die Ergebnisse sind in Tab. 2 dargestellt. (Die untere Spalte enthält einen Mittelwert über 0,6 µs.)

Tab. 2

E_0^b [V/cm]	80	67	55	43	31
$\dfrac{di}{dt}$ [100 A/µs]	90	76	60	43	31

Daraus entnimmt man, daß das durch die Stromänderung induzierte Gegenfeld $\dfrac{L}{2\pi R_0} \cdot \dfrac{di}{dt}$ ungefähr proportional E_0^b ist.

3. Einfluß von Targets auf die Beschleunigung der Runaways:

Nach Kap. 3.1 wird der Plasmastrom zur Innenseite des Torus getrieben. Ein Runaway-Elektron, das im Eigenfeld des Plasmastromes geführt und im Feld $E(t)$ beschleunigt wird, nähert sich deshalb bei kontinuierlich zunehmender Geschwindigkeit v_φ ebenfalls der Innenseite des Torus, bis es schließlich auf die Toruswand trifft. Würde man ein Target an irgendeiner Stelle der Innenseite des Torus anbringen, das in diesen hineinragt, so müssen die Runaways dort bevorzugt abgefangen werden, bevor sie die Toruswand erreicht haben (a). Insbesondere sollte dann die Beschleunigungszeit und damit die Energie der Runaways kleiner sein als ohne Target (b).

Die Aussagen (a), (b) konnten experimentell bestätigt werden. Dazu wurde ein 0,2 mm starkes Nickeltarget mit jeweils verschiedener Breite b nach Abb. 10 an der Innenseite des Torus angebracht und folgende Messungen durchgeführt:

(a) Es wurde die Bremsstrahlungsintensität längs des Torusrohres gemessen. Das Ergebnis ist in Abb. 11 dargestellt. Der Bleikollimator K, hinter dem die Strahlungsintensität J_γ beobachtet wurde, wurde dabei in φ-Richtung verschoben. Am Target wird danach je nach Targetbreite b wesentlich mehr Bremsstrahlung ausgelöst als an irgendeiner anderen Stelle des Torus. Für $b = 4{,}5$ mm wurde noch die effektive Gesamtzahl N der Runaways im Torus bestimmt. Es ergab sich $N \approx 10^{14}$ wie bei der Messung ohne Target.

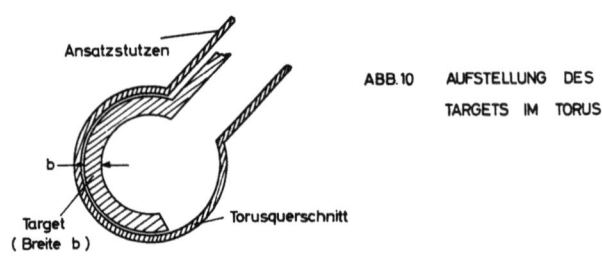

Abb. 10 Aufstellung des Targets im Torus

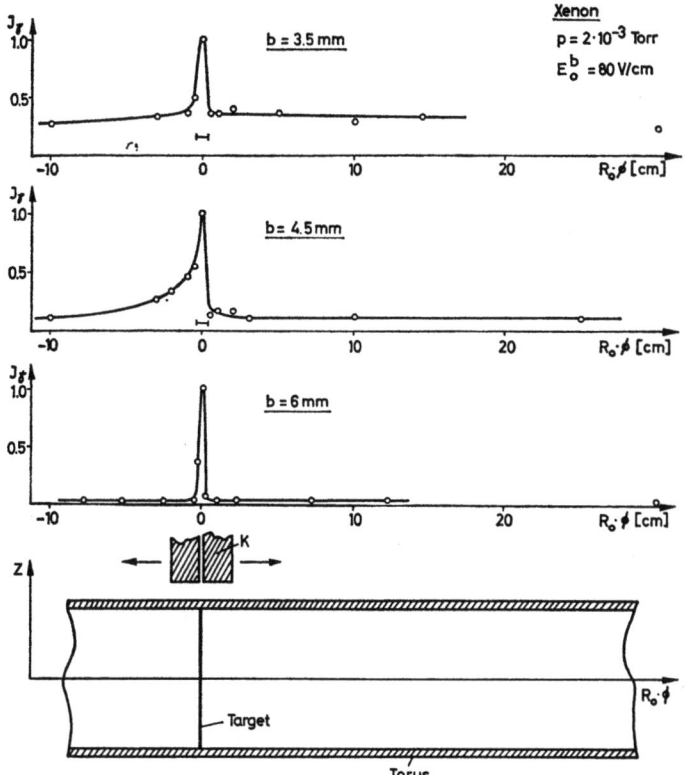

Abb. 11 Lokale Verteilung der Bremsstrahlung entlang des Torusrohres bei Targets verschiedener Breite b

(b) Am Target mit der Breite $b = 4,5$ mm wurden Auftrittszeit der Bremsstrahlung und effektive Energie der Runaways für Xenon ($p = 2 \cdot 10^{-3}$ Torr, $E_0^b = 80$ V/cm) gemessen. Es ergab sich:

$$\tau_{\text{Target}} \ldots \tau_{\text{Targ.}} + \Delta \tau_{\text{Targ.}} = 0,7 \ldots 0,95 \ \mu\text{s}$$
$$T_{\text{Target}} = 28 \pm 4 \text{ keV}$$

Die Messung ohne Target ergab dagegen (nach Abb. 1):

$$\tau \ldots \tau + \Delta \tau = 1,0 \ldots 1,25 \ \mu\text{s}$$
$$T = 50 \pm 5 \text{ keV}$$

Die Auftrittszeit und damit die effektive Energie der Runaways werden also durch das Target erwartungsgemäß verkleinert.

Die Hinweise für eine Beschleunigung der Elektronen in dem durch induzierte Wirbelfelder geschwächten äußeren Feld sollen abschließend noch einmal zusammengefaßt werden:

1. Die Elektronen (neg. Ladung) werden gegen die Richtung des äußeren Feldes beschleunigt.
2. Die Energie der Runaways hängt in der richtigen Weise nach (3.3) von dem Beschleunigungsfeld und der Beschleunigungszeit ($\approx$ Auftrittszeit der Bremsstrahlung) ab.

3. Die Runaways können an einer bestimmten Stelle des Torus (mit Hilfe eines Targets) vorzeitig abgebremst werden. Ihre Energie ist dann auf Grund der verkürzten Beschleunigungszeit kleiner.

3.3 Bemerkungen zum Einfang der Elektronen und zu ihrer Energieverteilung

Nach den Untersuchungen in Kap. 3.1 können Elektronen zu jeder Zeit eingefangen und beschleunigt werden, da eine Führung im Gegensatz zum Betatronmechanismus existiert, solange ein entsprechend hoher Plasmastrom fließt. Im folgenden soll qualitativ untersucht werden, wie sich die Anzahl der pro Zeit- und Volumeneinheit eingefangenen Elektronen vom Beginn der Beschleunigungsperiode ($t \approx 0$) bis zum Ende ($t \approx 1$ μs) ändert. (Instabilitäten werden dabei nicht berücksichtigt.)

Zunächst nimmt die Elektronendichte infolge von Stoßionisation und Kompression des Plasmas zu. Damit sollte man auch eine zeitliche Zunahme der zur Beschleunigung eingefangenen Elektronen erwarten. Demgegenüber gibt es aber eine Reihe von Effekten, die in der umgekehrten Weise wirken:

1. Die Zunahme des Plasmastromes und seines Eigenmagnetfeldes mit der Zeit hat zur Folge, daß die Lorentzradien für thermische Elektronen schließlich so klein werden, daß die meisten Elektronen ohne Berücksichtigung von Stößen zykloidenförmige Bahnen durchlaufen. Ihre Wegkomponente in Richtung des elektrischen Feldes ist damit sehr klein verglichen mit dem Gesamtweg, so daß diese Elektronen, wenn überhaupt, nur langsam beschleunigt werden können. Für eine Abschätzung dieses Effektes wurden einige Fälle im Einteilchenmodell numerisch untersucht, wobei vorausgesetzt wurde, daß nur solche Elektronen beschleunigt werden, deren Geschwindigkeitskomponente in azimutaler Richtung immer positiv ist. Es zeigte sich dann, daß die relative Einfangwahrscheinlichkeit gegen Ende der Beschleunigungsperiode einige Zehnerpotenzen (ca. zwei) unter derjenigen zur Zeit $t \approx 0$ lag. Dieses Ergebnis ist unter der Annahme konstanter Stromdichte nahezu unabhängig vom Stromquerschnitt.

2. Nach (4.1) zeigt der Runaway-Fluß, d. h. die Anzahl der pro Zeit- und Volumeneinheit beschleunigten Elektronen, eine starke Abhängigkeit vom Beschleunigungsfeld E und dem Impulstransportquerschnitt q. Eine Abnahme von E sowie eine Zunahme von q würden eine Verkleinerung des Runaway-Flusses bewirken. Nach Kap. 3.2 nimmt das resultierende elektrische Feld $E(t)$ im Torus während der ersten 10^{-7} s der Beschleunigungsperiode stark ab. Eine Abnahme des elektrischen Feldes von 40 V/cm auf 20 V/cm bewirkt z. B. bei Helium eine Abnahme des Runaway-Flusses auf den folgenden Bruchteil:

Für $p = 0{,}2$ Torr auf ca. 10^{-1},

für $p = 0{,}4$ Torr auf ca. $5 \cdot 10^{-3}$.

3. Weiterhin bewirkt die zunehmende Ionisierung und Kompression des Plasmas nach Beginn der Beschleunigungsperiode ebenfalls eine Abnahme des Runaway-Flusses, da einmal der Impulstransportquerschnitt der Ionen (bei kleinen Elektronenenergien) größer ist als der der Neutralteilchen und zum anderen die Ionendichte infolge der Kompression ganz beträchtliche Werte annehmen kann. Daß dieser Effekt einen starken Einfluß haben kann, geht aus [6] hervor.

Es ist anzunehmen, daß die Effekte, die eine Erniedrigung der Einfangwahrscheinlichkeit bewirken, die Zunahme der Elektronendichte überkompensieren.

Bei der Bestimmung der effektiven Energie T und der effektiven Anzahl N der beschleunigten Elektronen wurde bisher von der einfachen Annahme ausgegangen, daß alle Runaways monoenergetisch sind. Die unter dieser Annahme erzielten Ergebnisse bleiben auch sinnvoll, wenn die beschleunigten Elektronen ein breites Energieband ausfüllen. Als Beispiel legen wir eine Energieverteilung

$$n(T) = \begin{cases} \text{const} & \text{für } T \leq 60 \text{ keV} \\ 0 & \text{für } T > 60 \text{ keV} \end{cases} \quad (3.5)$$

der Runaways zugrunde. Damit wird eine effektive Energie und Anzahl

$$T_{\text{eff}} \approx 53 \text{ keV}$$

$$N_{\text{eff}} \approx 0{,}35 \int_0^{60 \text{ keV}} n(T) \, dt = 0{,}35 \, N_0$$

bestimmt.

(Selbst bei einer Energieverteilung der Runaways

$$n(T) = \begin{cases} \text{const } (70 \text{ keV-}T) & \text{für } T \leq 70 \text{ keV} \\ 0 & \text{für } T > 70 \text{ keV} \end{cases}$$

würde sich

$$T_{\text{eff}} \approx 52 \text{ keV}$$

ergeben.)

T_{eff} weicht danach nur wenig von der Grenzenergie der Elektronen ab. Auch N_{eff} und N_0 stimmen in der Größenordnung überein.

Es wurde noch der Versuch unternommen, das Bremsstrahlungsspektrum durch Verwendung verschiedener Absorbermaterialien experimentell zu bestimmen. Das gemessene Spektrum zeigt den zu erwartenden starken Abfall zu hohen Photonenenergien, ist jedoch infolge der großen Meßfehler sowohl mit der Annahme monoenergetischer Elektronen wie mit der Annahme einer Rechteckverteilung nach (3.5) verträglich.

4. Runaway-Fluß in Abhängigkeit von Gasdruck, Gasart und Beschleunigungsfeldstärke

Die Bremsstrahlungsintensität und damit die Anzahl der Runaways weist nach Abb. 1 eine starke Druckabhängigkeit auf, der nach Abb. 2 offenbar eine Gesetzmäßigkeit zugrunde liegt. Diese Gesetzmäßigkeit, die in ähnlicher Form auch bei Wasserstoff und Helium gefunden wurde, soll im folgenden untersucht werden. Dabei wird sich zeigen, daß ein wesentlicher Teil der experimentellen Ergebnisse durch Einzelstöße der Elektronen mit den übrigen Plasmateilchen erklärt werden kann, ohne daß andere Prozesse berücksichtigt werden müssen.

4.1 Theoretische Abschätzung des Runaway-Flusses

Der Impulstransportquerschnitt q für Stöße zwischen Elektronen und Neutralen bzw. Ionen fällt bekanntlich mit zunehmender Geschwindigkeit der Elektronen steil ab. Befindet sich ein elektrisches Feld im Plasma, so wird ein Teil der Elektronen ohne Stöße auf Geschwindigkeiten beschleunigt, bei denen der Impulstransportquerschnitt bereits vernachlässigbar klein ist (Runaway-Elektronen). Die Anzahl dieser pro Raum- und Zeiteinheit aus der thermischen Geschwindigkeitsverteilung herausdiffundierenden Elektronen, der Runaway-Fluß S, läßt sich unter stark vereinfachenden Annahmen (insbesondere, daß alle Elektronen die gleiche thermische Geschwindigkeit haben) nach U. GROSSMANN-DOERTH und J. JUNKER [6] abschätzen:

$$S(\varepsilon) = n_e v_{th} W(\varepsilon) \qquad (4.1)$$

Dabei ist n_e die Elektronendichte, v_{th} die Stoßfrequenz thermischer Elektronen mit der Energie ε_{th} und $W(\varepsilon)$ die Wahrscheinlichkeit dafür, daß ein Elektron im Feld E, ohne einen Stoß zu erleiden, bis auf die Energie ε beschleunigt wird.

$$W(\varepsilon) = \exp\left(-\frac{n}{E} \int_{\varepsilon_{th}}^{\varepsilon} q(\varepsilon)\, d\varepsilon\right),$$

wobei n die Dichte der Plasmateilchen (Neutrale oder Ionen), an die die Elektronen ihren Impuls verlieren und $q(\varepsilon)$ der Impulstransportquerschnitt ist.

Impulstransportquerschnitte für Wasserstoff, Helium und das vollionisierte Plasma:
Um numerische Ergebnisse für S zu erhalten, muß der Impulstransportquerschnitt $q(\varepsilon)$ bekannt sein. Dies ist im gesamten Energiebereich (1 eV bis 10 keV) für Wasserstoff und Helium der Fall. Für Wasserstoff ergibt sich nach [6]:

$$\int_{\varepsilon_{th}}^{10^4} q_{H_2}(\varepsilon)\, d\varepsilon\ [\text{cm}^2\,\text{eV}] \approx \begin{cases} 3{,}4 \cdot 10^{-14} & \text{für}\quad \varepsilon_{th} = 5\ \text{eV} \\ 3 \cdot 10^{-14} & \text{für}\quad \varepsilon_{th} = 10\ \text{eV} \\ 2{,}5 \cdot 10^{-14} & \text{für}\quad \varepsilon_{th} = 20\ \text{eV} \end{cases}$$

Wegen des starken Abfalles $q \propto \dfrac{1}{\varepsilon^2}$ ist $\int_{\varepsilon_{th}}^{\varepsilon} q(\varepsilon)\, d\varepsilon$ praktisch unabhängig von der oberen Integrationsgrenze, sofern $\varepsilon > 10^4$ eV. Bei Helium wurde ähnlich wie bei Wasserstoff eine Approximation zwischen den gemessenen Werten $q_{He}(\varepsilon)$ bei kleinen Energien ($\varepsilon \leq 20$ eV, kein inelastischer Anteil) nach S. C. BROWN [7] und den berechneten Werten bei hohen Energien nach G. ECKER und K. G. MÜLLER [8] verwendet (Abb. 12).

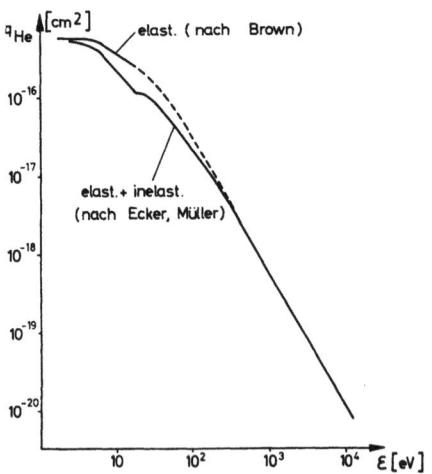

Abb. 12 Impulstransportquerschnitt $q(\varepsilon)$ für Helium

Die graphische Integration über $q_{He}(\varepsilon)$ ergibt:

$$\int_{\varepsilon_{th}}^{10^4} q_{He}(\varepsilon)\,d\varepsilon \ [\text{cm}^2\,\text{eV}] \approx \begin{cases} 1{,}75 \cdot 10^{-14} & \text{für } \varepsilon_{th} = 5\,\text{eV} \\ 1{,}5 \cdot 10^{-14} & \text{für } \varepsilon_{th} = 10\,\text{eV} \\ 1{,}2 \cdot 10^{-14} & \text{für } \varepsilon_{th} = 20\,\text{eV} \end{cases}$$

Für das vollionisierte Plasma im Falle einfach geladener Ionen ist nach [6]:

$$\int_{\varepsilon_{th}}^{10^4} q_P(\varepsilon)\,d\varepsilon \ [\text{cm}^2\,\text{eV}] \approx \begin{cases} 7{,}4 \cdot 10^{-14} & \text{für } \varepsilon_{th} = 5\,\text{eV} \\ 3{,}7 \cdot 10^{-14} & \text{für } \varepsilon_{th} = 10\,\text{eV} \\ 1{,}9 \cdot 10^{-14} & \text{für } \varepsilon_{th} = 20\,\text{eV} \end{cases}$$

Stoßfrequenzen:

Aus dem Impulstransportquerschnitt ergeben sich die Stoßfrequenzen $v_{th} = n \cdot v_{th} \cdot q(v_{th})$ (v_{th} = thermische Geschwindigkeit der Elektronen) zu:

$$v_{th\,H_2} \ [\text{s}^{-1}] = n_{H_2} \cdot \begin{cases} 1{,}2 \cdot 10^{-7} & \text{für } \varepsilon_{th} = 5\,\text{eV} \\ 1{,}2 \cdot 10^{-7} & \text{für } \varepsilon_{th} = 10\,\text{eV} \\ 1{,}1 \cdot 10^{-7} & \text{für } \varepsilon_{th} = 20\,\text{eV} \end{cases}$$

$$v_{th\,He} \ [\text{s}^{-1}] = n_{He} \cdot \begin{cases} 0{,}74 \cdot 10^{-7} & \text{für } \varepsilon_{th} = 5\,\text{eV} \\ 0{,}71 \cdot 10^{-7} & \text{für } \varepsilon_{th} = 10\,\text{eV} \\ 0{,}65 \cdot 10^{-7} & \text{für } \varepsilon_{th} = 20\,\text{eV} \end{cases}$$

$$v_{th\,P} \ [\text{s}^{-1}] = n_e \cdot \begin{cases} 20 \cdot 10^{-7} & \text{für } \varepsilon_{th} = 5\,\text{eV} \\ 7 \cdot 10^{-7} & \text{für } \varepsilon_{th} = 10\,\text{eV} \\ 2{,}4 \cdot 10^{-7} & \text{für } \varepsilon_{th} = 20\,\text{eV} \end{cases}$$

Mit $T_e = 10\,\text{eV}$ wird dann der Runaway-Fluß nach (4.1):

Für Wasserstoff:

$$S_{H_2} \ [\text{cm}^{-3}\,\text{s}^{-1}] \approx 1{,}2 \cdot 10^{-7} \cdot n_e \cdot n_{H_2} \cdot \exp\left(-3 \cdot 10^{-14}\,\frac{n_{H_2}}{E}\right); \quad n_e \ll n_{H_2} \quad (4.2)$$

Für Helium:

$$S_{He} \ [\text{cm}^{-3}\,\text{s}^{-1}] \approx 0{,}7 \cdot 10^{-7} \cdot n_e \cdot n_{He} \cdot \exp\left(-1{,}5 \cdot 10^{-14}\,\frac{n_{He}}{E}\right); \quad n_e \ll n_{He} \quad (4.3)$$

Für das vollionisierte Plasma im Falle einfach geladener Ionen:

$$S_P \ [\text{cm}^{-3}\,\text{s}^{-1}] \approx 7 \cdot 10^{-7}\,n_e^2 \exp\left(-3{,}7 \cdot 10^{-14}\,\frac{n_e}{E}\right); \quad n \text{ in cm}^{-3}, E \text{ in V/cm} \quad (4.4)$$

Für das teilweise ionisierte Plasma ist nach [6]:

$$S = n_e(v_{th\,\text{neutr.}} + v_{th\,P}) \cdot W_{\text{neutr.}} \cdot W_P$$

Daraus ergibt sich speziell für das Wasserstoffplasma ($T_e = 10\,\text{eV}$) mit

$$n_e = n_{H^+} = 2(n_0 - n_{H_2}) = 2\eta n_0,$$

wobei n_0 die Dichte der Moleküle vor der Ionisation und η der Ionisierungsgrad sind:

$$S_{H_2, H_+} [\text{cm}^{-3}\,\text{s}^{-1}] = (2{,}4 + 26\,\eta) \cdot 10^{-7}\,\eta\,n_0^2 \cdot \exp\left[-\frac{n_0}{E}\,10^{-14}\,(3 + 4{,}4\,\eta)\right] \quad (4.5)$$

Für das Heliumplasma ($T_e = 10$ eV) ergibt sich unter der Annahme, daß nur einfach geladene Heliumionen vorhanden sind, mit $n_e = n_{He_+} = n_0 - n_{He} = \eta\,n_0$:

$$S_{He, He_+} [\text{cm}^{-3}\,\text{s}^{-1}] = (0{,}7 + 6\,\eta) \cdot 10^{-7}\,\eta\,n_0^2 \cdot \exp\left[-\frac{n_0}{E} \cdot 10^{-14}\,(1{,}5 - 2{,}2\,\eta)\right] \quad (4.6)$$

Die Ausdrücke (4.5), (4.6) für den Runaway-Fluß S gelten unter der Voraussetzung, daß alle Elektronen im Torus die Möglichkeit zu einer Beschleunigung haben, unabhängig vom Anfangsort im Phasenraum. Dies ist sicher nicht der Fall. Die rechte Seite ist daher noch mit einem Faktor $c < 1$ zu multiplizieren, der alle anderen Prozesse, die S beeinflussen, enthält (z. B. die Erniedrigung der Einfangswahrscheinlichkeit für Elektronen in Wandnähe bzw. im starken Magnetfeld). Für den Runaway-Fluß ergibt sich dann:

$$S'_{H_2, H_+} = c \cdot S_{H_2, H_+} \quad (4.7)$$

$$S'_{He, He_+} = c \cdot S_{He, He_+} \quad (4.8)$$

Über c lassen sich keine theoretischen Aussagen machen. Auf Grund der experimentellen Ergebnisse kann man jedoch annehmen, daß c unabhängig vom Gasdruck ist.

4.2 Experimentelle Ergebnisse

1. Ergebnisse für Wasserstoff

Abb. 13 zeigt zunächst die Bremsstrahlungsintensität J_γ (max. normiert auf 1), die Auftrittszeit $\tau \ldots \tau + \Delta\tau$ der Bremsstrahlung, die effektive Energie T der Runaways und den maximalen Plasmastrom i_0 in Abhängigkeit vom Gasdruck p.

Abb. 14 zeigt den zeitlichen Verlauf der Bremsstrahlungsintensität und des Plasmastromes bei verschiedenen Drucken.

(Maximale äußere Beschleunigungsfeldstärke $E_0^b = 80$ V/cm.)

Die Strahlungsintensität J_γ weist einen ähnlichen Druckverlauf auf wie bei Xenon nach Abb. 1; dagegen steigen hier die Auftrittszeit und insbesondere die Energie mit dem Druck stark an. Die Ursache für die Zunahme der Energie mit dem Druck ist 1. die Zunahme der Auftrittszeit und 2. die Abnahme des Plasmastromes. (Eine Verkleinerung des Plasmastromes und damit von di/dt hat eine Zunahme des resultierenden elektrischen Feldes $E(t)$ zur Folge.) Die Auftrittszeit wiederum ist abhängig von der trägen Masse des Plasmaschlauches, der um so langsamer zur Toruswand getrieben wird, je größer seine Masse ist. Eine Druckzunahme muß daher bei konstantem Ionisierungsgrad eine Vergrößerung der Auftrittszeit zur Folge haben (wobei eine obere Grenze von $\tau_{\max} \approx 1{,}3\,\mu\text{s}$ = Zeit der ersten Viertelperiode der Betatronschwingung sicher nicht wesentlich überschritten werden kann).

In Abb. 15 ist schließlich

$$\frac{n}{n_0^2} [\text{cm}^3] = \frac{\text{effektive Anzahl der Runaways pro cm}^3}{\text{Quadrat der Gasdichte}}$$

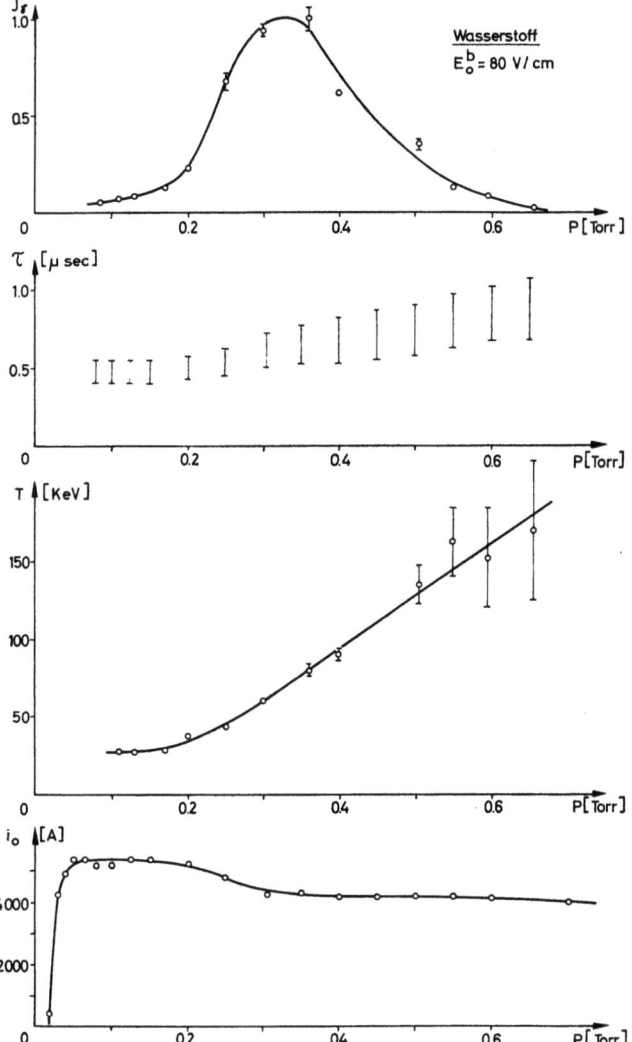

Abb. 13 Strahlungsintensität J_γ, Auftrittszeit $\tau \ldots \tau + \Delta\tau$ der Bremsstrahlung, effektive Energie T der Runaways und max. Plasmastrom i_0 in Abhängigkeit vom Gasdruck P

als Funktion des Gasdruckes für zwei verschiedene äußere Beschleunigungsfeldstärken

a) $\qquad E_0^b = 80$ V/cm

b) $\qquad E_0^b = 55$ V/cm

dargestellt. n wurde dabei aus der Bremsstrahlungsintensität und der effektiven Energie der Runaways nach Gleichung (A.2) (n = effektive Gesamtzahl der Runaways/Torusvolumen) bestimmt. Die Fehler setzen sich aus den statistischen Fehlern der Intensität und der Energie zusammen (die Fehler der Absolutwerte können also größer sein, was jedoch ohne Einfluß auf den relativen Verlauf von n/n_0^2 ist).

Nach Abb. 15 läßt sich $n(n_0)$ innerhalb der Meßfehler darstellen durch:

a) $\qquad n \text{ [cm}^{-3}\text{]} \approx 3 \cdot 10^{-20} n_0^2 \cdot \exp(-6{,}7 \cdot 10^{-16} n_0)$

b) $\qquad n \text{ [cm}^{-3}\text{]} \approx 3 \cdot 10^{-20} n_0^2 \cdot \exp(-9{,}3 \cdot 10^{-16} n_0); \quad n_0 \text{ in cm}^{-3}$

Nimmt man an, daß die Elektronen während eines Zeitraumes von einigen 10^{-7} s gleichmäßig zur Beschleunigung eingefangen werden*, so ergibt sich für den Runaway-Fluß:

$$S'\ [\text{cm}^{-3}\ \text{s}^{-1}] \approx 10^{-13}\ n_0^2 \exp(-6{,}7 \cdot 10^{-16}\ n_0) \quad \text{für} \quad E_0^b = 80\ \text{V/cm} \quad (4.9\,\text{a})$$

$$S'\ [\text{cm}^{-3}\ \text{s}^{-1}] \approx 10^{-13}\ n_0^2 \exp(-9{,}3 \cdot 10^{-16}\ n_0) \quad \text{für} \quad E_0^b = 55\ \text{V/cm} \quad (4.9\,\text{b})$$

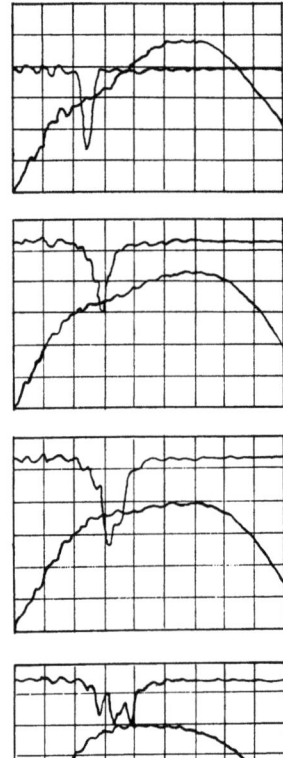

Abb. 14
Bremsstrahlungsimpuls und Plasmastrom bei verschiedenen Drucken (Wasserstoff)
Von oben nach unten:
$p = 0{,}15$ Torr, $p = 0{,}25$ Torr, $p = 0{,}3$ Torr, $p = 0{,}4$ Torr, $p = 0{,}55$ Torr
Zeitskala: 0,2 µs/cm; Stromskala: 1080 A/cm

Diese experimentellen Ergebnisse stimmen mit dem theoretischen Ergebnis (4.7) bezüglich der Abhängigkeit von n_0 und E sehr gut überein (wenn vorausgesetzt wird, daß η, c und E druckunabhängig sind). Auch die numerische Übereinstimmung ist befriedigend:
Der Vergleich des konstanten Faktors 10^{-13} vor der Exponentialfunktion in (4.9a), (4.9b) mit dem entsprechenden theoretischen Wert in (4.7) ergibt für das Produkt $c \cdot \eta$

---

* Diese Annahme ist nur unwesentlich, da hier nicht die Zeitabhängigkeit des Runaway-Flusses untersucht werden soll.

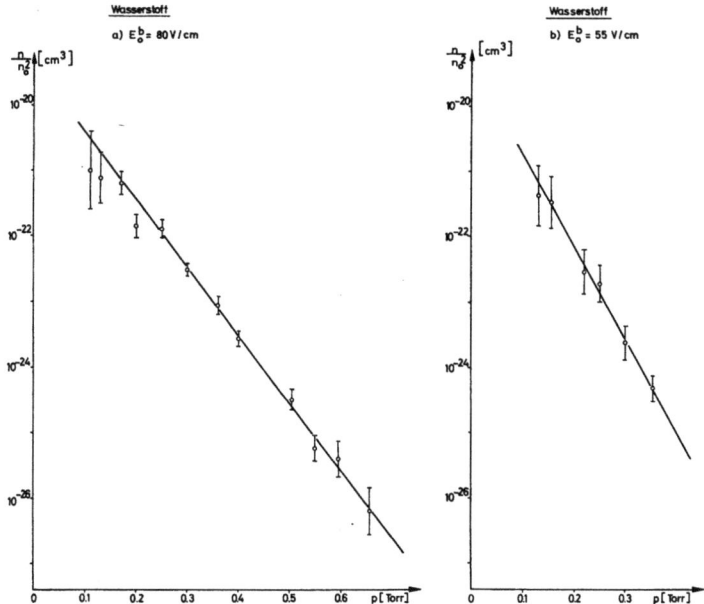

Abb. 15 n/n_0^2 in Abhängigkeit vom Druck bei zwei verschiedenen Beschleunigungsfeldstärken

die Größenordnung 10^{-6} ($\eta \ll 1$). Dieses Ergebnis scheint experimentell durchaus möglich zu sein.

Der Vergleich des wesentlich wichtigeren Exponenten in der Exponentialfunktion von (4.9a), (4.9b) mit dem theoretischen Wert in (4.7) ergibt für das Beschleunigungsfeld:

a) $\quad E'\,[\text{V/cm}] = \begin{cases} 45 & \text{für} \quad \eta \ll 1 \\ 110 & \text{für} \quad \eta = 1 \end{cases} \quad E_0^b = 80\,\text{V/cm}$

b) $\quad E'\,[\text{V/cm}] = \begin{cases} 32 & \text{für} \quad \eta \ll 1 \\ 80 & \text{für} \quad \eta = 1 \end{cases} \quad E_0^b = 55\,\text{V/cm}$

In Abb. 16 ist E' für $\eta \ll 1$ gegen das maximale äußere Feld E_0^b aufgetragen.

Danach ist das Beschleunigungsfeld, das sich aus dem Vergleich der theoretischen und experimentellen Druckabhängigkeit von S ergibt, proportional E_0^b, wie man auch erwarten sollte.

Um die absoluten Werte der Exponenten hinsichtlich der Übereinstimmung von Theorie und Experiment zu überprüfen, wurde die resultierende Beschleunigungsfeldstärke im

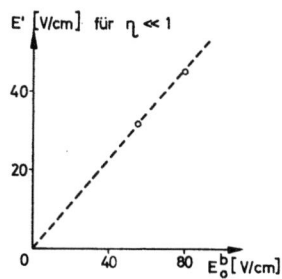

Abb. 16 E' als Funktion von E_0^b

Torus für die wesentliche Anfangsphase abgeschätzt. Für das Beschleunigungsfeld ergab sich aus dem mittleren gemessenen Stromanstieg $\frac{di}{dt}$ ($t \leq 0{,}3$ µs) unter der Voraussetzung eines Plasmastromdurchmessers von 3,6 cm (Torusdurchmesser) und Vernachlässigung von $\frac{dL}{dt}$ ($L = $ Induktivität des Plasmastromes):

$$E(t < 0{,}3 \text{ µs}) \text{ [V/cm]} \approx \begin{cases} 40 \quad \text{für} \quad p = 0{,}15 \text{ Torr} \\ 43 \quad \text{für} \quad p = 0{,}3 \text{ Torr} \\ 48 \quad \text{für} \quad p = 0{,}55 \text{ Torr} \end{cases} \quad E_0^b = 80 \text{ V/cm}$$

$$33 \text{ (nahezu druckunabhängig)} \; E_0^b = 55 \text{ V/cm}$$

Die Übereinstimmung mit den theoretisch ermittelten Beschleunigungsfeldstärken E' erscheint befriedigend, wenn man von der leichten Druckabhängigkeit $E(p)$ für $E_0^b = 80$ V/cm absieht. Berücksichtigt man die Druckabhängigkeit des elektrischen Feldes durch die Approximation $E(p) = \frac{1100}{21 + 1/p \, [\text{Torr}]}$ V/cm und geht mit $E' = \varkappa \cdot E(p)$, $\varkappa = $ const, in den Exponenten von (4.7) ein, so ergibt sich für den Runaway-Fluß:

$$S' = \text{const} \cdot \exp\left(-\frac{n_0}{\varkappa} \cdot 5{,}7 \cdot 10^{-16}\right), \; (\eta \ll 1)$$

Der Vergleich mit dem experimentellen Ergebnis (4.9a) ergibt $\varkappa = 0{,}85$.

2. Ergebnisse für Helium

Abb. 17 zeigt J_γ, $\tau \ldots \tau + \Delta\tau$, T und i_0 in Abhängigkeit vom Gasdruck bei den maximalen äußeren Beschleunigungsfeldstärken $E_0^b = 80$ V/cm und $E_0^b = 43$ V/cm.
Die Strahlungsintensität weist danach einen gänzlich anderen Druckverlauf auf als bei Wasserstoff nach Abb. 13. Die Auftrittszeit $\tau \ldots \tau + \Delta\tau$ und die effektive Energie T nehmen dagegen ebenfalls mit dem Druck zu, wobei die Energiezunahme nicht so stark ist, da der Plasmastrom im Gegensatz zu der Wasserstoffmessung ein leichtes Anwachsen mit dem Druck zeigt.
Der zeitliche Verlauf des Plasmastromes ist, abgesehen von einer leichten Zunahme des maximalen Stromes i_0 mit dem Druck, ähnlich wie bei Wasserstoff nach Abb. 13. Der mittlere Stromanstieg $\frac{di}{dt}$ ($t \leq 0{,}3$ s) zu Beginn der Entladung ist unabhängig vom Druck und beträgt etwa

8000 A/µs für $E_0^b = 80$ V/cm und

4000 A/µs für $E_0^b = 43$ V/cm.

In Abb. 18 ist $\frac{n}{n_0^2}$ (p) für vier verschiedene maximale äußere Beschleunigungsfeldstärken

a) $\qquad\qquad\qquad E_0^b = 80$ V/cm
b) $\qquad\qquad\qquad E_0^b = 67$ V/cm
c) $\qquad\qquad\qquad E_0^b = 55$ V/cm
d) $\qquad\qquad\qquad E_0^b = 43$ V/cm

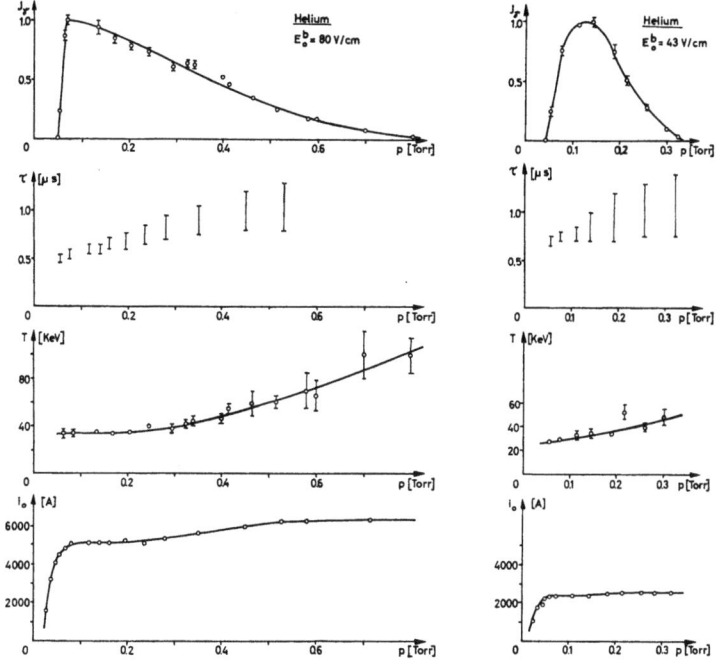

Abb. 17 Strahlungsintensität J_γ, Auftrittszeit $\tau \ldots \tau + \Delta\tau$ der Bremsstrahlung, effektive Energie T der Runaways und max. Plasmastrom i_0 in Abhängigkeit vom Gasdruck bei zwei verschiedenen Beschleunigungsfeldstärken

dargestellt. (Die Reproduzierbarkeit bei diesen Messungen war, ebenso wie bei Wasserstoff, sehr gut. So wurden die Ergebnisse in Abb. 18a in drei verschiedenen Meßreihen gewonnen: 1. $p = 0{,}05 \ldots 0{,}4$ Torr, 2. $p = 0{,}4 \ldots 0{,}8$ Torr, 3. $p = 0{,}2 \ldots 1$ Torr.) Danach läßt sich der Runaway-Fluß unter der zusätzlichen Annahme, daß die Elektronen während eines Zeitraumes von einigen 10^{-7} s zur Beschleunigung eingefangen werden, beschreiben durch:

$$S' [\text{cm}^{-3}\,\text{s}^{-1}] \approx 10^{-13} \cdot n_0^2 \cdot \exp(-4{,}8 \cdot 10^{-16} n_0) \tag{4.10a}$$

$$S' [\text{cm}^{-3}\,\text{s}^{-1}] \approx 10^{-13} \cdot n_0^2 \cdot \exp(-6{,}5 \cdot 10^{-16} n_0) \tag{4.10b}$$

$$S' [\text{cm}^{-3}\,\text{s}^{-1}] \approx 10^{-13} \cdot n_0^2 \cdot \exp(-8{,}1 \cdot 10^{-16} n_0) \tag{4.10c}$$

$$S' [\text{cm}^{-3}\,\text{s}^{-1}] \approx 10^{-13} \cdot n_0^2 \cdot \exp(-9{,}4 \cdot 10^{-16} n_0) \tag{4.10d}$$

Diese experimentellen Ergebnisse stimmen wie bei Wasserstoff mit dem theoretischen Ergebnis (4.8) gut überein.

Für die Beschleunigungsfeldstärken ergab der Vergleich der Exponenten in (4.10) und (4.8):

a) $\quad E' [\text{V/cm}] = \begin{cases} 31 & \text{für } \eta \ll 1 \\ 77 & \text{für } \eta = 1 \end{cases} \quad E_0^b = 80 \text{ V/cm}$

b) $\quad E' [\text{V/cm}] = \begin{cases} 23 & \text{für } \eta \ll 1 \\ 57 & \text{für } \eta = 1 \end{cases} \quad E_0^b = 67 \text{ V/cm}$

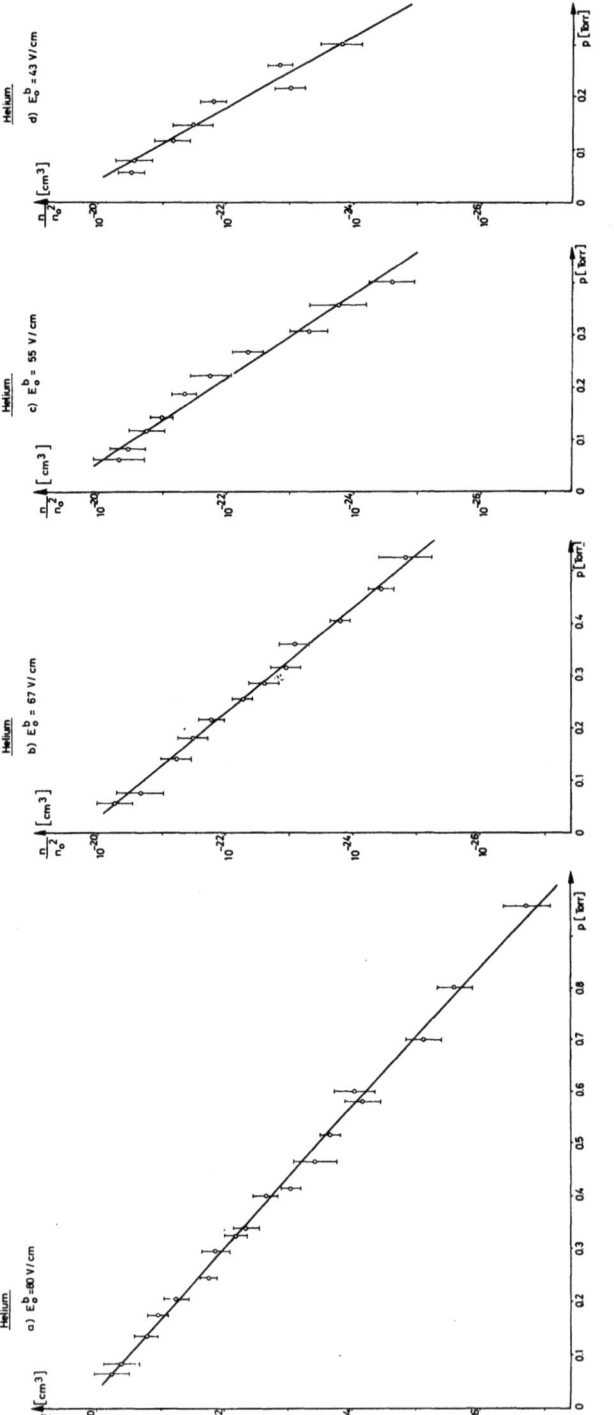

Abb. 18 n/n_0^2 in Abhängigkeit vom Druck bei verschiedenen Beschleunigungsfeldstärken

c) $$E' \text{ [V/cm]} = \begin{cases} 18{,}5 & \text{für } \eta \ll 1 \\ 46 & \text{für } \eta = 1 \end{cases} \qquad E_0^b = 55 \text{ V/cm}$$

d) $$E' \text{ [V/cm]} = \begin{cases} 16 & \text{für } \eta \ll 1 \\ 40 & \text{für } \eta = 1 \end{cases} \qquad E_0^b = 43 \text{ V/cm}$$

In Abb. 19 ist E' für $\eta \ll 1$ gegen die maximale äußere Beschleunigungsfeldstärke E_0^b aufgetragen.

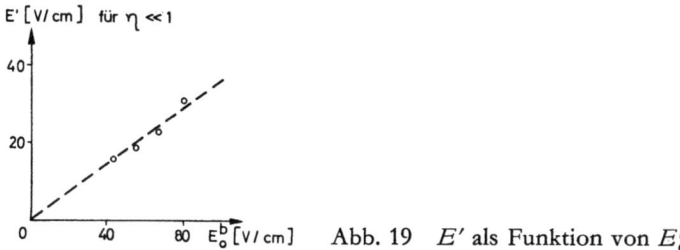

Abb. 19 E' als Funktion von E_0^b

Danach ist auch hier wieder $E' \propto E_0^b$. Die aus dem Stromanstieg $\dfrac{di}{dt}$ ($t \leq 0{,}3$ µs) ermittelten Beschleunigungsfeldstärken ergeben sich wie bei Wasserstoff zu:

$$E = 40 \text{ V/cm} \quad \text{für} \quad E_0^b = 80 \text{ V/cm}$$

$$E = 23 \text{ V/cm} \quad \text{für} \quad E_0^b = 43 \text{ V/cm}$$

Es soll noch auf eine Tatsache hingewiesen werden, die zunächst überraschend erscheint: Im elektrischen Feld E werden sämtliche Elektronen kontinuierlich beschleunigt, wenn es die Bedingung

$$E > E_c \text{ [V/cm]} = 5{,}5 \cdot 10^3 \, \frac{p}{T_0} \cdot \left(v_e^2 q(v_e)\right)_{\max} \tag{4.11}$$

erfüllt [8]. Dabei sind T_0 [°K] und p [Torr] Temperatur und Druck des Neutralgases, v_e [cm/s] ist die mittlere Geschwindigkeit der Elektronen und q [cm²] der Impulstransportquerschnitt. Mit $T_0 = 350$ °K, $E = 40$ V/cm und

$$\left(v_e^2 q(v_e)\right)_{\max} \approx \begin{cases} 10 \text{ cm}^4 \text{ s}^{-2} \text{ für Helium [8]} \\ 29 \text{ cm}^4 \text{ s}^{-2} \text{ für Wasserstoff [9]} \end{cases}$$

folgt aus (4.11) für den Druck:

$$p < \begin{cases} 0{,}25 \text{ Torr für Helium} \\ 0{,}09 \text{ Torr für Wasserstoff} \end{cases}$$

Der Runaway-Fluß sollte damit im Falle von Helium für $p < 0{,}25$ Torr nicht mehr der Beziehung (4.8) gehorchen. Dagegen würde man erwarten, daß die Anzahl der beschleunigten Elektronen proportional der Elektronendichte $n_e = \eta n_0$ ist, womit bei konst. η $\dfrac{n}{n_0^2} \propto \dfrac{1}{p}$ wäre. Diese relative Abhängigkeit der Größe $\dfrac{n}{n_0^2}$ von p stimmt aber im Druckbereich $p = 0{,}05$ bis $0{,}2$ Torr ebenso wie (4.8) mit den Meßergebnissen in Abb. 18 etwa überein.

Zusammenfassend läßt sich mit diesen Ergebnissen feststellen, daß die experimentell gefundene Abhängigkeit des Runaway-Flusses vom Gasdruck und der Beschleunigungsfeldstärke bei Wasserstoff und Helium auf Grund der Einzelstöße zwischen Elektronen und Neutralen bzw. Elektronen und Ionen erklärt werden kann. Dies gilt nahezu in dem gesamten Druckbereich, in dem Runaways beobachtet wurden. Das Verschwinden der Runaways für Drucke $p < 0{,}05$ Torr läßt sich durch den starken Abfall des Plasmastromes mit abnehmendem Druck verstehen. Eine Führung im Eigenfeld des Plasmastromes ist bei zu kleinen Drucken nicht mehr möglich.

Die Ergebnisse bei Xenon (Abb. 1) lassen sich im Gegensatz zu denen bei Wasserstoff und Helium nur teilweise befriedigend erklären. Zunächst war die Reproduzierbarkeit der Meßergebnisse verhältnismäßig schlecht. So konnte der relative Verlauf der Strahlungsintensität vor allem bei kleineren Drucken sehr unterschiedlich sein; die Lage des Intensitätsmaximums unterlag Druckschwankungen von ca. 30%. Weiterhin bleibt die Frage offen, warum Runaways erst bei $p \geq 1{,}7 \cdot 10^{-3}$ Torr auftreten, während der Plasmastrom bereits bei kleineren Drucken für eine Führung der Elektronen ausreichen sollte.

5. Diskussion von makroskopischen Instabilitäten und Plasmawellen als Ursache für die Beschleunigung der Elektronen

Bei vielen in der Literatur beschriebenen Pinchexperimenten, speziell beim linearen Z-Pinch, wurden Runaway-Elektronen beobachtet, die nicht in dem von außen anliegenden elektrischen Feld beschleunigt sein konnten. Ihre Entstehung wurde mit makroskopischen Instabilitäten [10], [11] sowie mit induzierten elektrischen Feldern während der ersten Kontraktion der Plasmasäule in Zusammenhang gebracht [12]. Aber auch Plasmawellen können diesen Effekt qualitativ beschreiben [14].

Die Frage, ob die hier beobachteten Runaways solchen Beschleunigungsmechanismen entstammen können, soll im folgenden kurz untersucht werden.

Makroskopische Instabilitäten

Durch das instabile Anwachsen von Störungen der komprimierten Plasmasäule können hohe lokale elektrische Felder induziert werden, die unter Umständen eine Beschleunigung auf entsprechende Energien verursachen. In Frage kommt hierfür vor allem die $(m = 0)$-Instabilität (»sausage«-Instabilität). Die Elektronen werden dabei gegen die Stromrichtung, also gegen die Richtung des äußeren elektrischen Feldes beschleunigt. Dies wurde auch im vorliegenden Fall beobachtet (Kap. 3.2). Andererseits muß die Energie T der Elektronen eine Abhängigkeit vom induzierten elektrischen Feld aufweisen. Der Spannungsabfall über einer Einschnürung einer $(m = 0)$-Instabilität nimmt seinerseits proportional mit dem Plasmastrom und der Geschwindigkeit, mit der die Instabilität anwächst, zu. Während bei den in [10] und [11] beschriebenen Experimenten der Plasmastrom ca. 200000 A betrug, ist er hier etwa um einen Faktor 50 kleiner. Die Energie der Elektronen ist dagegen von der gleichen Größe. Weiterhin sollte die Energie mit zunehmender Gasdichte auf Grund einer Verkleinerung der Geschwindigkeit, mit der die Instabilität anwächst, abnehmen. Beobachtet wurde dagegen bei Wasserstoff (Abb. 13) und Helium (Abb. 17) eine erhebliche Energiezunahme mit dem Druck.

Eine Abschätzung ergibt für den Spannungsabfall über einer Einschnürung Werte der Größe 1 kV ($i = 4000$ A, $p = 0,3$ Torr H_2) [10]. Es erscheint gänzlich unwahrscheinlich, daß Elektronen durch Passieren mehrerer Einschnürungen auf Energien der Größe 100 keV beschleunigt werden können.

Eine Beschleunigung durch induzierte Felder im Zusammenhang mit der ersten Plasmakompression erscheint gleichfalls gänzlich unwahrscheinlich. Der für die Kontraktion typische Einschnitt im zeitlichen Stromdiagramm wurde in keinem Fall beobachtet. Ferner erscheint es ausgeschlossen, daß sich die Kompressionszeit durch Einbringen eines Targets ändert (vgl. Kap. 3.2).

Plasmawellen

M. D. RAIZER und V. N. TSITOVICH [14] schlagen zur Erklärung der bei den linearen Z-Pinchentladungen beobachteten Runaways Plasmawellen als Beschleunigungsmechanismus vor. Die Folgerungen, die sich daraus ergeben, erklären die experimentellen Ergebnisse nach [10], [11], [12], [13] (weitere Literaturangaben in [14]) qualitativ. Danach muß eine Beschleunigung längs der Stromachse gegen die Richtung des äußeren Feldes erwartet werden. Auch die Existenz eines Maximums der Energieverteilungsfunktion läßt sich verstehen.

Andererseits sollte die Energie druckabhängig sein und ein Maximum aufweisen, wenn die Schockgeschwindigkeit, mit der die Plasmasäule zusammenstürzt, ungefähr gleich der Phasengeschwindigkeit der Plasmawellen oder etwas kleiner als diese ist. Ein ausgeprägtes Energiemaximum in Abhängigkeit vom Druck haben z. B. KOVALSKI u. a. [11] bei Wasserstoff beobachtet. Bei den hier vorliegenden Messungen konnte dieser Effekt dagegen nicht festgestellt werden (Abb. 1, 13 und 17).

Weiter sollte die Energie der Runaways im Falle von Wasserstoff bei geringfügigen Verunreinigungen durch schwere Gase abnehmen. Am linearen Z-Pinch wurde dieser Effekt beobachtet; nach Messungen von S. YU. LUK'YANOV und J. M. PODGORNI [13] verschwindet die harte γ-Strahlung bereits bei 0,1% Xenonbeimischung. Hier konnte dagegen keine Änderung der effektiven Energie bei Zugabe von Xenon festgestellt werden. Die Ergebnisse sind in Tab. 3 dargestellt. Danach ist die effektive Energie T unabhängig von der Xenonbeimischung. (Die Verkleinerung der Intensität J_γ, die bei konstanter Energie T proportional zu N ist, erklärt sich nach Kap. 4.1 qualitativ aus der Vergrößerung des Impulstransportquerschnittes bei Zugabe von Xenon.)

Tab. 3

p_{H_2} [Torr]	0,1	0,1	0,3	0,3	0,3	0,5	0,5
p_{Xe} [Torr]	0	$5 \cdot 10^{-4}$	0	$5 \cdot 10^{-4}$	10^{-3}	0	$5 \cdot 10^{-4}$
J_γ [SK]	$0,13 \pm 0,01$	$0,05 \pm 0,005$	$1 \pm 0,06$	$0,4 \pm 0,03$	$0,16 \pm 0,02$	$0,4 \pm 0,05$	$0,2 \pm 0,04$
T [keV]	26 ± 2	$24,5 \pm 2$	60 ± 5	50 ± 5	60 ± 7	135 ± 15	165 ± 30

Ferner läßt sich durch Vergleich der Energiedichte der beschleunigten Elektronen und der Energiedichte der Plasmawellen eine Maximalzahl der beschleunigten Elektronen abschätzen. Für Xenon ($p = 2 \cdot 10^{-3}$ Torr) ergibt sich:

$$n \ll 10^{10} \text{ cm}^{-3}$$

Bei einem Torusvolumen von ca. 1000 cm³ erhält man daraus für die Gesamtzahl der Runaways

$$n \ll 10^{13},$$

während hier $N \approx 10^{14}$ pro Puls gemessen wurden.

Mit diesen Ergebnissen sollte man Plasmawellen zumindest als dominierenden Beschleunigungsmechanismus ausschließen können.

6. Erzeugung hoher Runaway-Ströme mit vereinfachter Spulenanordnung

Nach Kap. 3.1 werden die Runaways in dem starken Eigenfeld des Plasmastromes geführt, während das Betatronfeld lediglich einen Einfluß auf die makroskopische Bewegung des Plasmastromes ausübt. Die Betatronspule erfüllt damit im wesentlichen nur noch den Zweck, das elektrische Wirbelfeld zur Beschleunigung der Runaways zu erzeugen.

Um den Einfluß des äußeren Magnetfeldes auf die Bewegung des Plasmastromes zu untersuchen, wurde die komplizierte Betatronspule durch verschiedene einfache Spulen ersetzt. Die neuen Spulen wurden von je zwei parallel geschalteten Windungen (Radius R^b) gebildet, die symmetrisch zur Äquatorialebene des Torus angeordnet waren (bei $Z_1 = +10$ cm, $Z_2 = -10$ cm).

Tab. 4 zeigt die charakteristischen Feldparameter bei sonst unveränderter Kondensatorenbatterie für verschiedene Radien R^b. ω ist dabei die Kreisfrequenz des schwach gedämpften Schwingungskreises, B_0^b und E_0^b das maximale Magnetfeld bzw. elektrische Wirbelfeld (bei max. Ladespannung der Kondensatorbatterie ohne Plasmastrom) in der Torus-Rohrachse ($R_0 = 20$ cm).

Abb. 20 zeigt $B_0^b(R)$ in der Äquatorialebene für $R^b = 14, 16, 18, 20, 22$ cm.

Tab. 4

R^b [cm]	ω [s⁻¹]	B_0^b [G]	E_0^b [V/cm]
14	1,08 · 10⁶	20	52
16	1,02 · 10⁶	80	56
18	0,95 · 10⁶	190	58
20	0,88 · 10⁶	310	56
22	0,82 · 10⁶	410	52

Experimentelle Ergebnisse und Diskussion:
Zunächst wurde der Einfluß des äußeren Magnetfeldes B^b untersucht, d.h., es wurden Messungen bei verschiedenen Spulenradien R^b durchgeführt.
In Tab. 5 ist für Xenon für verschiedene Radien R^b der Druck p_{max}, bei dem maximale Bremsstrahlungsintensität beobachtet wurde, die maximale Strahlungsintensität $J_{\gamma max}$ (normiert), die Auftrittszeit τ beim Druck p_{max}, $\Delta\tau$ war in allen Fällen etwa 0,2 µs, und der maximale Plasmastrom i_0 bei p_{max} wiedergegeben. Danach zeigt $J_{\gamma max}$ eine starke Abhängigkeit von R^b, während sich τ und i_0 nur wenig ändern.

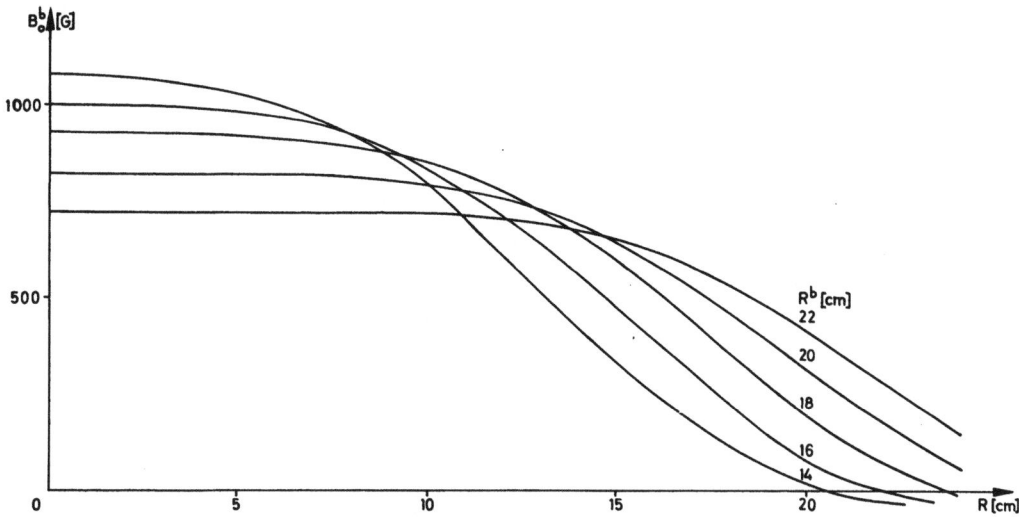

Abb. 20 Radialer Verlauf des Magnetfeldes B_0^b in der Äquatorialebene des Torus für die untersuchten Spulen (Ladespannung 21,6 KV)

Tab. 5

R^b [cm]	P_{max} [Torr]	$J_{\nu\,max}$ [SK]	τ [µs]	i_0 [A]
14	$1,8 \cdot 10^{-3}$	0,02	1,05	4100
16	$2 \cdot 10^{-3}$	0,3	1,05	4900
18	$2,4 \cdot 10^{-3}$	1,0	1,15	5100
20	$2,2 \cdot 10^{-3}$	0,6	1,1	4900
22	$2 \cdot 10^{-3}$	0,1	1,05	4900

In Abb. 21 ist für Xenon ($p = p_{max}$ nach Tab. 5) die lokale Verteilung der Bremsstrahlungsintensität an einer Stelle $\varphi = $ const des Torus für $R^b = 14, 18, 22$ cm dargestellt. Die Messung geschah mit einem Bleikollimator, der in vertikaler und in horizontaler Richtung verschoben wurde. Danach werden die Runaways bei kleinem äußeren Magnetfeld ($R^b = 14$ cm) an die Außenseite des Torus getrieben, bei hohem Feld ($R^b = 22$ cm) dagegen an die Innenseite. Dazwischen gibt es ein mittleres Magnetfeld ($R^b = 18$ cm), bei dem Runaways sowohl auf die Außen- als auch die Innenseite des Torus treffen.

Nach den Überlegungen in Kap. 3.1 läßt sich dieses Verhalten der Runaways auf Grund der makroskopischen Bewegung des Plasmastromes erklären. Und zwar ist der Plasmaschlauch nach (3.1) mit

$$\dot{i} \approx -7000 \text{ A/µs} * \quad \text{(Mittelwert über 0,8 µs, vgl. Abb. 23)}$$

dann im Gleichgewicht, wenn dem Eigenfeld des Plasmastromes das homogene Magnetfeld

$$\dot{B} = \begin{cases} 140 \text{ G/µs} & \text{für } a = 1,8 \text{ cm} \\ 185 \text{ G/µs} & \text{für } a = 0,5 \text{ cm} \end{cases}$$

(2a = Querschnittsdurchmesser des Plasmastromes)

* Dies gilt für $R^b = 18$ cm; für $R^b = 14$ cm ist $\dot{i} \approx -5600$ A/µs und für $R^b = 22$ cm ist $\dot{i} \approx -6700$ A/µs.

überlagert wird. Bei unseren Messungen war das äußere Magnetfeld in der Rohrachse des Torus nach Tab. 4 für $t \leq 0{,}8$ μs:

$$B^b = 20 \text{ G/μs} \quad \text{für} \quad R^b = 14 \text{ cm}$$

$$B^b = 180 \text{ G/μs} \quad \text{für} \quad R^b = 18 \text{ cm}$$

$$B^b = 360 \text{ G/μs} \quad \text{für} \quad R^b = 22 \text{ cm}$$

Damit ist das äußere Magnetfeld für $R^b = 14$ cm wesentlich zu klein und für $R^b = 22$ cm zu groß, um den Plasmaschlauch bezüglich des magnetischen Druckes im Gleichgewicht zu halten. Die Folge ist, daß auf den Plasmaschlauch für $R^b = 14$ cm eine nach außen und für $R^b = 22$ cm eine nach innen gerichtete Kraft wirkt. Für $R^b = 18$ cm sollte dagegen angenähert ein Gleichgewicht vorliegen. Das gilt wegen des mit R abfallenden Magnetfeldes B^b (s. Abb. 20) allerdings nur unter der Voraussetzung, daß die Stromachse mit der Torus-Rohrachse zusammenfällt. Ist dies nicht der Fall, so wirkt auf den

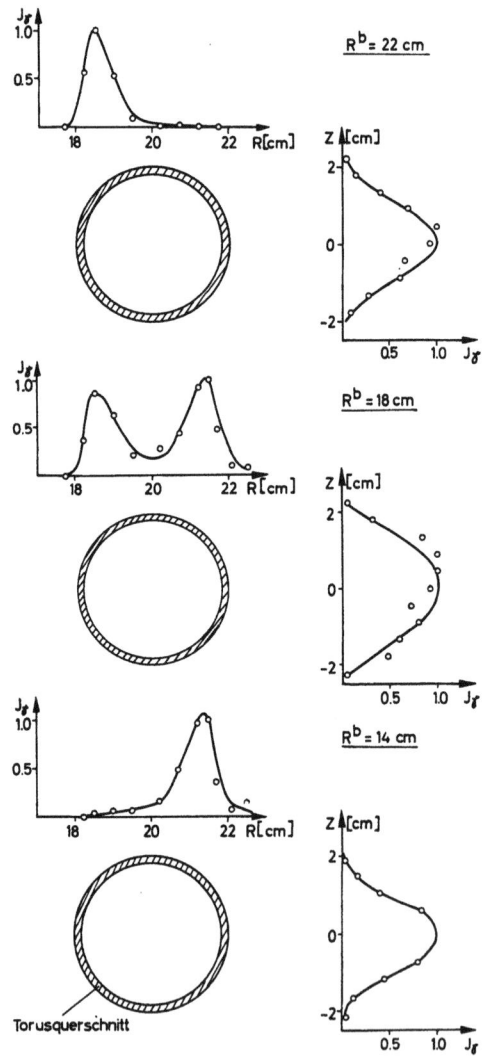

Abb. 21 Lokale Verteilung der Bremsstrahlungsintensität am Torusquerschnitt bei verschiedenen Magnetfeldspulen

Plasmastrom eine Kraft, die diesen von der Rohrachse wegtreibt, ob zur Innen- oder Außenseite des Torus, hängt von der Anfangslage des Plasmastromes ab. Damit ist die Möglichkeit zu instabil anwachsenden Störungen des räumlichen Verlaufs des Plasmastromes in der R,φ-Ebene $(Z = 0)$ gegeben, was das Auftreten der Runaways sowohl an der Innen- als auch der Außenseite des Torus nach Abb. 21 ($R^b = 18$ cm) erklären würde. Ein von innen nach außen ansteigendes Magnetfeld

$$\left(\frac{dB^b(R, Z = 0)}{dR} \bigg|_{R = 18 \ldots 22 \, \text{cm}} > 0 \right)$$

würde dagegen stabilisierend auf den Plasmastrom wirken. Eventuell könnten damit höhere Auftrittszeiten erzielt werden.

Nach Tab. 5 ist für den Gleichgewichtsfall ($R^b = 18$ cm) die Bremsstrahlungsintensität $J_{\gamma \max}$ am höchsten. Für diesen Fall wurde noch die effektive Gesamtzahl N der Runaways bestimmt. Die Messung wurde in Abhängigkeit vom Druck durchgeführt, um ein eindeutiges Ergebnis für den maximalen Wert von N zu erhalten. In Abb. 22 ist die Bremsstrahlungsintensität J_γ, die effektive Energie T der Runaways und die effektive Gesamtzahl N der Runaways pro Entladung in Abhängigkeit vom Druck für Xenon dargestellt.

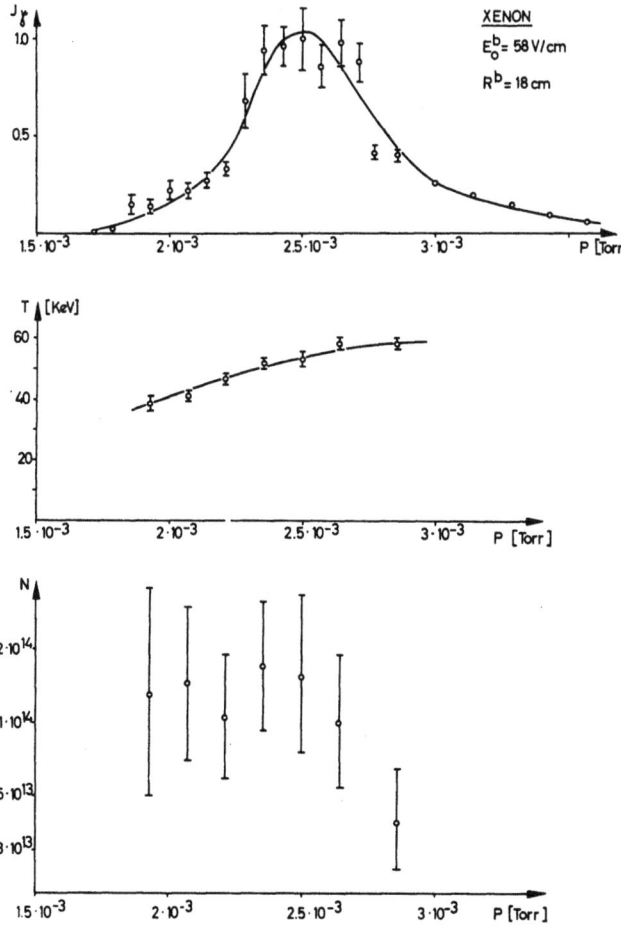

Abb. 22 Bremsstrahlungsintensität J_γ, effektive Energie T und effektive Anzahl N der Runaways in Abhängigkeit vom Gasdruck P

Bei der Berechnung von N aus J_γ und T nach Gleichung (A.2) im Anhang wurden sämtliche Fehler, ΔJ_γ, ΔT, $\Delta \eta$, $\Delta \delta$, berücksichtigt.
(Die Auftrittszeit $\tau \ldots \tau + \Delta \tau$ und der maximale Plasmastrom i_0 waren bei dieser Messung etwa konstant:

$$\tau \ldots \tau + \Delta \tau \approx 1{,}1 \ldots 1{,}4 \, \mu s, \quad i_0 \approx 5000 \text{ bis } 5500 \text{ A.})$$

Danach ist N in dem verhältnismäßig weiten Druckbereich $p = 2 \cdot 10^{-3}$ bis $2{,}5 \cdot 10^{-3}$ Torr ungefähr konstant und beträgt etwa:

$$N \approx 1{,}5 \cdot 10^{14}$$

Dies entspricht einem Runaway-Strom

$$i_{\text{Runaway}} \approx 2500 \text{ A},$$

der Hälfte des gesamten Plasmastromes i zur Zeit $t = \tau$.

(Für $p = 2{,}4 \cdot 10^{-3}$ Torr ist z. B. $N = 1{,}7 \cdot 10^{14}$ zwischen den Grenzen $0{,}9 \cdot 10^{14}$ und $3{,}2 \cdot 10^{14}$ $i_{\text{Runaway}} = 2600$ A zwischen den Grenzen 1600 A und 5000 A.)
Da der Runaway-Strom am Gesamtstrom i einen beträchtlichen Anteil hat, sollte das Abbremsen der Runaways zur Zeit $t = \tau$ einen merklichen Einfluß auf denselben ausüben. Tatsächlich wurde zu diesem Zeitpunkt ein deutlicher Knick im zeitlichen Verlauf des Plasmastromes $i(t)$ beobachtet, der zusammen mit dem Bremsstrahlungsimpuls bei verschiedenen Drucken in Abb. 23 wiedergegeben ist.

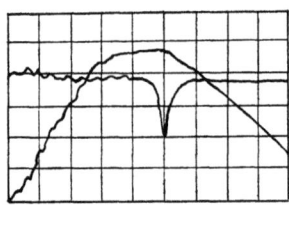

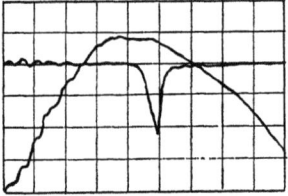

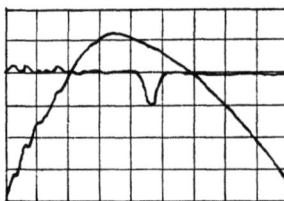

Abb. 23 Bremsstrahlungsimpuls und Plasmastrom bei verschiedenen Drucken (Xenon)
Von oben nach unten:
$p = 2{,}1 \cdot 10^{-3}$ Torr, $p = 2{,}4 \cdot 10^{-3}$ Torr, $p = 2{,}9 \cdot 10^{-3}$ Torr
Zeitskala: 0,25 μs/cm; Stromskala: 1060 A/cm

Anhang

I. Apparatur

Die wesentlichen Bestandteile der Apparatur sind der Quarzglastorus, das Vierpolsystem und das Luftspulenbetatron. Einen schematischen Aufbau zeigt Abb. 24.

Da sie bereits ausführlich in den Arbeiten [2], [3] beschrieben wurde, sollen hier nur einige kurze Bemerkungen gemacht werden, die sich auf Änderungen beziehen oder im Rahmen der vorliegenden Arbeit als wichtig erscheinen.

Die Messung des Gasdruckes geschah bei Xenon mit einem Ionisationsmanometer, bei Wasserstoff und Helium mit einem drehbaren Vakuummeter der Fa. Pfeiffer (Kat. Nr. 506000). Der Untergrund der Verunreinigungen war für Xenon $\leq 1\%$, für Wasserstoff und Helium $\leq 0{,}05\%$ des Gasdruckes.

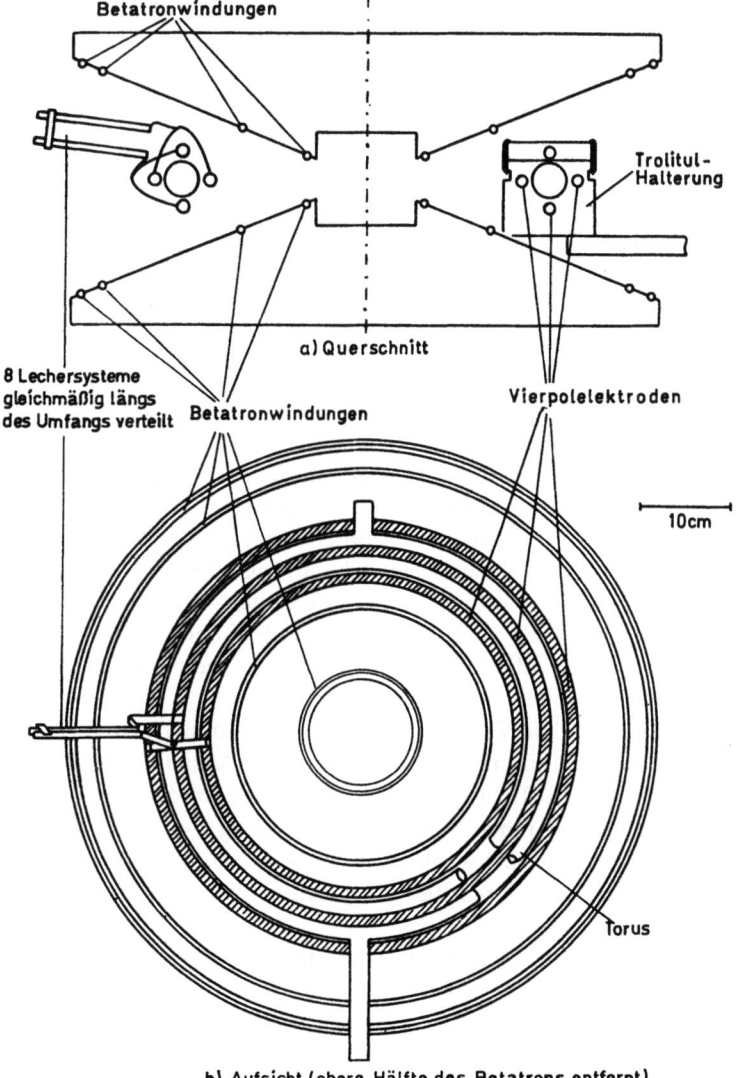

Abb. 24 a und b   Aufbau des Plasmabetatrons (schematisch)

Das hochfrequente elektrische Vierpolfeld (190 MHz, HF-Amplitude 600–800 V) dient zur Erzeugung des Ausgangsplasmas. Es hat keinen Einfluß auf die Bewegung der Elektronen im Plasma, da das Innere des Plasmas gegen das Vierpolfeld (rot $\vec{E} = 0$) abgeschirmt ist, wenn die Plasmafrequenz $\omega_0 = \left(\dfrac{e^2 \, n_e}{\varepsilon_0 \, m_e}\right)^{1/2}$ größer als die Kreisfrequenz ω des Vierpolfeldes ist, d. h. wenn $n_e > 5 \cdot 10^8$ cm^{-3} ist. Dies war bei den hier untersuchten Plasmen immer der Fall.

Das Betatronfeld ist durch die folgenden Daten charakterisiert: Sollkreisradius $R_0 = 20$ cm, Feldindex $n = 0{,}4$, Kreisfrequenz der schwach gedämpften Betatronschwingung $\omega = 1{,}24 \cdot 10^6$ s^{-1}, Anstiegszeit des elektrischen Wirbelfeldes 10 ns. Die Feldenergie liefert eine 500-Joule-Kondensatorenbatterie, die sich bei einer Ladezeit von 20 sec maximal auf 21,6 kV laden läßt.

II. Nachweisanordnungen

Die Messung des Plasmastromes $i(t)$ geschah mit einer Rogowski-Spule. Das integrierte Signal der Rogowski-Spule wurde mit einem Kathodenstrahloszillographen, der durch das ansteigende Betatronfeld fremdgetriggert war, beobachtet.

Die Messung der Röntgenbremsstrahlung ist bereits ausführlich von J. Drees und W. Paul [2] behandelt worden und soll hier, soweit keine Änderungen vorgenommen wurden, nur kurz beschrieben werden.

Die zeitliche Abhängigkeit der Bremsstrahlung wurde mit einem organischen Szintillator (NE 102, zylindrisch mit $\varnothing = 44$ mm, $h = 60$ mm), der auf einen Photomultiplier (56 AVP) montiert war, gemessen. Die Multiplierimpulse wurden direkt von der Anode der Multiplierröhre auf einen fremdgetriggerten Kathodenstrahloszillographen gegeben.

Die Messung der lokalen Verteilung der Bremsstrahlungsintensität sowie die Messung der Intensität und Härte der Bremsstrahlung geschah mit zwei bzw. drei auf Photomultipliern (RCA 6342) montierten NaJ(Tl)-Szintillatoren (zylindrisch, $\varnothing = 32$ mm, $h = 25$ mm; Eingangsfenster: 7 mg/cm^2 Al). Die Abmessungen der Szintillatoren sind ausreichend für eine Totalabsorption der untersuchten γ-Quanten (50 keV-Quanten werden in 2 mm NaJ mit einer Wahrscheinlichkeit von 99,9% absorbiert). Die Multiplierimpulse, die von der letzten Dynode der Multiplierröhren abgenommen wurden, liefen nach Impedanzwandlung durch einen Kathodenfolger über verschiedene Verzögerungsleitungen in eine Mischstufe und weiter auf einen Kathodenstrahloszillographen, wo sie photographiert werden konnten.

Zur Bestimmung der lokalen Verteilung der Bremsstrahlung wurde die Strahlungsintensität hinter einem Bleikollimator, der in etwa 20 cm Abstand vom Torus aufgestellt wurde und in verschiedenen Richtungen verschoben werden konnte, mit einem Multiplier MI gemessen. Der Kollimator hatte eine Öffnung von $2{,}5 \times 16$ mm^2 und eine Länge von 160 mm. Zeitliche Schwankungen der Gesamtintensität konnten eliminiert werden, indem die Strahlungsintensität gleichzeitig mit einem zweiten feststehenden Multiplier MII gemessen wurde.

Zur Messung der Härte der Röntgenbremsstrahlung wurden Absorber (im allgemeinen Al) unterschiedlicher Stärke vor den Szintillatoren aufgestellt. Aus den verschiedenen Höhen der Multipliersignale ließen sich Aussagen über die Härte der Strahlung gewinnen. Abb. 25 zeigt die Aufstellung der Multiplier bei den Messungen in Kap. 2,3 und 4. Bei den Messungen in Kap. 6, bei denen die Anzahl der Runaways möglichst genau bestimmt werden sollte, wurde die Bremsstrahlung unter einem Winkel von 45°

gegen die Äquatorialebene des Torus beobachtet, womit die γ-Quanten die Vierpolelektroden nicht mehr durchdringen müssen.

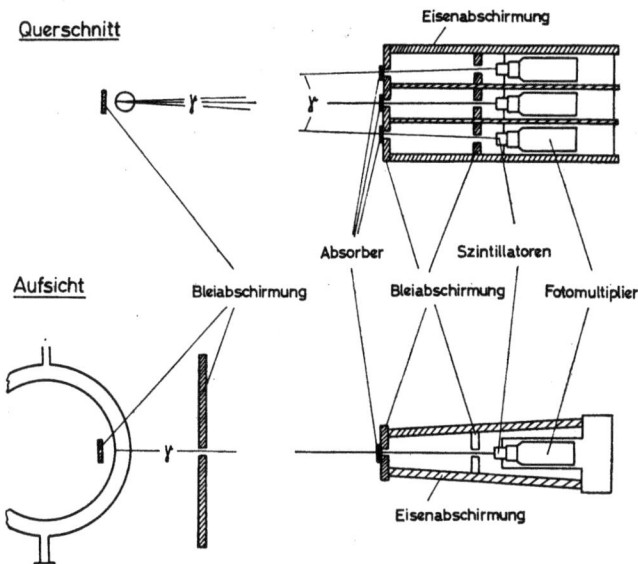

Abb. 25 Aufstellung der Multiplier zur Messung der Härte der Bremsstrahlung

III. Bestimmung der Energie und der Anzahl der Runaways [2]

Für die Quotienten der Multipliersignale hinter dem ν-ten und dem ersten Absorber gilt:

$$\frac{S_\nu}{S_1} = \frac{\int_0^T J(K,T) \cdot g(K,T) \cdot e^{-\mu(K) d_\nu} \cdot dK}{\int_0^T J(K,T) \cdot g(K,T) \cdot e^{-\mu(K) d_1} \cdot dK} \tag{A.1}$$

$J(K, T) dK$ ist dabei die spektrale Intensitätsverteilung der Bremsstrahlung von Elektronen mit der Maximalenergie T im Energiebereich $K \ldots K + dK$. Speziell für monoenergetische Elektronen der Energie T läßt sich $J(K, T) dK$ darstellen durch

$$J(K,T) dK = \begin{cases} \text{const}\,(T-K)\,dK & \text{für } K < T \\ 0 & \text{für } K > T. \end{cases}$$

$g(K, T) \cdot e^{-\mu(K) d_\nu}$ ist der Bruchteil der in den Szintillator gelangenden Intensität, wobei $e^{-\mu(K) d_\nu}$ die Absorption im ν-ten Absorber und $g(K, T)$ die Absorption in den Medien (Target, Quarzglastorus, Vierpolelektroden, Luft usw.), die zusätzlich zum ν-ten Absorber zwischen Szintillator und Entstehungsort der Strahlung liegen, berücksichtigt.

$\frac{S_\nu}{S_1}$ wurde für verschiedene Werte von T und d_ν nach (A.1) numerisch berechnet. Aus den gemessenen Absorptionsverhältnissen $\frac{S_\nu}{S_1}$ der Bremsstrahlung konnte die effektive Elektronenenergie T durch Vergleich mit den berechneten Kurven bestimmt werden.

Ist die Energie T der beschleunigten Elektronen bekannt, so kann aus der Intensität der beobachteten Bremsstrahlung ihre Anzahl N abgeschätzt werden:

$$N = \frac{W}{\alpha \cdot \omega \cdot \eta \cdot \delta \cdot T} \qquad (A.2)$$

Dabei ist:

W = im Szintillator absorbierte Energie. (Zur Bestimmung von W aus der Strahlungsintensität wurde die Nachweisanordnung mit einem Co60-Präparat geeicht.)

α = Bruchteil der im Szintillator absorbierten Bremsstrahlungsenergie.

ω = geometrischer Raumwinkelfaktor; (für 50-keV-Elektronen ist die Winkelverteilung der Bremsstrahlungsintensität isotrop).

η = Nutzeffekt der Bremsstrahlerzeugung; für Elektronenenergien bis zu ca. 200 keV ist $\mu = (10^{-6}$ bis $1{,}5 \cdot 10^{-6}) \cdot Z \cdot T$ [keV] nach W. SCHAAFFS, PH XXX (Z = Kernladungszahl des Targetmaterials).

δ = Bruchteil der Runaway-Elektronen, die auf das Target treffen. Für Messungen, bei denen die Toruswand das Target darstellt, ist bei fester Energie der Runaways:

$$\delta = \frac{\Delta J_\gamma \cdot \Delta\varphi}{\int_0^{2\pi} J_\gamma(\varphi)\, d\varphi} \approx \frac{\Delta\varphi}{2\pi}$$

ΔJ_γ ist dabei die am Teilstück $\Delta\varphi$ des Torus erzeugte Bremsstrahlung. Bei den Messungen in Kap. 2.3 und 4 war $\Delta\varphi = 0{,}1$ bis $0{,}3$; bei den Messungen in Kap. 6 war $\Delta\varphi = 0{,}6$.

Zusammenfassung

An einem Plasmabetatron wurden neben den betatronbeschleunigten Elektronen, die bei niederen Drucken auftraten, auch bei hohen Drucken intensive Ströme von Runaway-Elektronen mit Energien von 50 KeV und mehr beobachtet. Die nähere Untersuchung dieser nicht betatronbeschleunigten Elektronen ist das Thema der vorliegenden Arbeit. Gemessen wurden der zeitliche Verlauf des Plasmastromes sowie zeitliche Abhängigkeit, lokale Verteilung, Intensität und Härte der Bremsstrahlung in den Gasen Xenon, Helium und Wasserstoff. Die Energie der Runaway-Elektronen wurde aus der Abschwächung der Strahlungsintensität durch verschiedene Absorber ermittelt. Die Messungen lassen sich unter der Annahme erklären, daß die Elektronen in dem äußeren Feld beschleunigt und durch das Eigenmagnetfeld des Plasmastromes geführt werden. Makroskopische Instabilitäten und Plasmawellen können als Beschleunigungsmechanismus ausgeschlossen werden. Die starke Abhängigkeit des Runaway-Flusses von dem Gasdruck und dem elektrischen Feld läßt sich durch Einzelstöße der Elektronen mit den übrigen Plasmateilchen erklären. Weiterhin wurde der Einfluß des äußeren Magnetfeldes auf die Bewegung des Plasmastromes zur Toruswand hin untersucht. Wird der Plasmastrom durch das äußere Feld angenähert im Gleichgewicht gehalten, so ergibt sich bei Xenon ein umlaufender Runaway-Strom von mehr als 2000 A, das ist etwa die Hälfte des Gesamtstromes, und eine maximale Intensität von $2 \cdot 10^{14}$ Elektronen pro Plus bei einer Energie von 50 KeV.

Literaturverzeichnis

[1] Drees, J., und W. Paul, Report at the Conf. on accelerator technique, Dubna (1963).
[2] Drees, J., und W. Paul, Z. Phys. 180, 340–361 (1964).
[3] Drees, J., Diplomarbeit, Bonn (1960).
[4] Bermel, W., Diplomarbeit, Bonn (1963).
[5] Biermann, L., K. Hain, K. Jörgens und R. Lüst, Zt. Nat. 12a, 826 (1957).
[6] Grossmann-Doerth, U., und J. Junker, Nucl. Fusion 1962, 1007–1015, Suppl. Nr. 3.
[7] Brown, S. C., Basic Data of Plasma Physics, Chapman and Hall, London 1959.
[8] Ecker, G., und K. G. Müller, Zt. Nat. 16a, 246 (1961).
[9] Müller, K. G., Zt. Phys. 169, 432 (1962).
[10] Anderson, O. A., W. R. Baker, S. A. Colgate, J. Ise und R. V. Pyle, Phys. Rev. 110, 1375 (1958).
[11] Kovalski, N. G., J. M. Podgorni und M. M. Stepanenko, Sov. Phys. JETP 11, 1040 (1960).
[12] Herold, H., E. Fünfer, G. Lehner, H. Tuczek und C. Andelfinger, Zt. Nat. 14a, 323 (1959).
[13] Luk'yanov, S. Yu., und J. M. Podgorni, J. Nucl. Energy 4, 224 (1957).
[14] Raizer, M. D., und V. N. Tsitovich, Plasma Physics (J. Nucl. Energy Part C), Vol. 7, 203 (1965).

Forschungsberichte des Landes Nordrhein-Westfalen

Herausgegeben im Auftrage des Ministerpräsidenten Heinz Kühn
von Staatssekretär Professor Dr. h. c. Dr. E. h. Leo Brandt

Sachgruppenverzeichnis

Acetylen · Schweißtechnik
Acetylene · Welding gracitice
Acétylène · Technique du soudage
Acetileno · Técnica de la soldadura
Ацетилен и техника сварки

Arbeitswissenschaft
Labor science
Science du travail
Trabajo científico
Вопросы трудового процесса

Bau · Steine · Erden
Constructure · Construction material ·
Soil research
Construction · Matériaux de construction ·
Recherche souterraine
La construcción · Materiales de construcción ·
Reconocimiento del suelo
Строительство и строительные материалы

Bergbau
Mining
Exploitation des mines
Minería
Горное дело

Biologie
Biology
Biologie
Biologia
Биология

Chemie
Chemistry
Chimie
Quimica
Химия

Druck · Farbe · Papier · Photographie
Printing · Color · Paper · Photography
Imprimerie · Couleur · Papier · Photographie
Artes gráficas · Color · Papel · Fotografía
Типография · Краски · Бумага · Фотография

Eisenverarbeitende Industrie
Metal working industry
Industrie du fer
Industria del hierro
Металлообрабатывающая промышленность

Elektrotechnik · Optik
Electrotechnology · Optics
Electrotechnique · Optique
Electrotécnica · Optica
Электротехника и оптика

Energiewirtschaft
Power economy
Energie
Energía
Энергетическое хозяйство

Fahrzeugbau · Gasmotoren
Vehicle construction · Engines
Construction de véhicules · Moteurs
Construcción de vehículos · Motores
Производство транспортных · Средств

Fertigung
Fabrication
Fabrication
Fabricación
Производство

Funktechnik · Astronomie
Radio engineering · Astronomy
Radiotechnique Astronomie
Radiotécnica · Astronomía
Радиотехника и астрономия

Gaswirtschaft
Gas economy
Gaz
Gas
Газовое хозяйство

Holzbearbeitung
Wood working
Travail du bois
Trabajo de la madera
Деревообработка

Hüttenwesen · Werkstoffkunde
Metallurgy · Materials research
Métallurgie · Matériaux
Metalurgia · Materiales
Металлургия и материаловедение

Kunststoffe
Plastics
Plastiques
Plásticos
Пластмассы

Luftfahrt · Flugwissenschaft
Aeronautics · Aviation
Aéronautique · Aviation
Aeronáutica · Aviación
Авиация

Luftreinhaltung
Air-cleaning
Purification de l'air
Purificación del aire
Очищение воздуха

Maschinenbau
Machinery
Construction mécanique
Construcción de máquinas
Машиностроительство

Mathematik
Mathematics
Mathématiques
Mathemáticas
Математика

Medizin · Pharmakologie
Medicine · Pharmacology
Médecine · Pharmacologie
Medicina · Farmacología
Медицина и фармакология

NE-Metalle
Non-ferrous metal
Metal non ferreux
Metal no ferroso
Цветные металлы

Physik
Physics
Physique
Física
Физика

Rationalisierung
Rationalizing
Rationalisation
Racionalización
Рационализация

Schall · Ultraschall
Sound · Ultrasonics
Son · Ultra-son
Sonido · Ultrasónico
Звук и ультразвук

Schiffahrt
Navigation
Navigation
Navegación
Судоходство

Textilforschung
Textile research
Textiles
Textil
Вопросы текстильной промышленности

Turbinen
Turbines
Turbines
Turbinas
Турбины

Verkehr
Traffic
Trafic
Tráfico
Транспорт

Wirtschaftswissenschaften
Political economy
Economie politique
Ciencias económicas
Экономические науки

Einzelverzeichnis der Sachgruppen bitte anfordern

Westdeutscher Verlag · Köln und Opladen
567 Opladen/Rhld., Ophovener Straße 1–3, Postfach 1620

MIX
Papier aus verantwortungsvollen Quellen
Paper from responsible sources
FSC® C105338

If you have any concerns about our products,
you can contact us on
ProductSafety@springernature.com

In case Publisher is established outside the EU,
the EU authorized representative is:
**Springer Nature Customer Service Center GmbH
Europaplatz 3, 69115 Heidelberg, Germany**

Printed by Libri Plureos GmbH
in Hamburg, Germany